中国高等院校服装设计专业教材

# 服装画技法

黄嘉 编著

A SERIES OF DRESS DESIGN

西南师范大学出版社

**图书在版编目（CIP）数据**

服装画技法／黄嘉编著. －2版. －重庆：西南师范大学

出版社，2007.5（2009.8重印）

中国高等院校服装设计专业教材

ISBN 978－7－5621－2510－5

Ⅰ.服... Ⅱ.黄... Ⅲ.服装－绘画－技法（美术）－高

等学校－教材Ⅳ.TS941.28

中国版本图书馆CIP数据核字（2007）第030762号

中国高等院校服装设计专业教材

**服 装 画 技 法**

编 著 者：黄 嘉

责任编辑：王正端　胡秀英

整体设计：向海涛　王正端

出版发行：西南师范大学出版社

经　　销：新华书店

制　　版：重庆海阔特数码分色有限公司

印　　刷：重庆康豪彩印有限公司

开　　本：889mm×1194mm　1/16

印　　张：7

字　　数：224千字

版　　次：2008年3月　第2版

印　　次：2009年8月　第2次印刷

ISBN：978-7-5621-2510-5

定　　价：42.00元

# 序 袁仄

耐人寻味的是，人类除了"食、色"之外，最熟悉的东西也许当数服装了，事实也是如此。几乎所有人自降世以来便被"衣"这种东西包裹，从此相伴终生。所以衣着行为是人类最普遍的行为，乃至衣裳也平凡得让人忽视，甚至轻视。

当改革开放的高校刚刚要开设服装专业时，竟令某些人大惊失色。有人不无轻蔑地认为：小裁缝岂能登大学讲堂！其实谬也。

服装，倒是颇有资格将自身视为一门学科，一门边缘学科。它涉及面甚广，包含有材料、结构、工艺、设计、色彩、图案、构成、美学、史学、人类学、社会学、心理学，还有服装CAD、营销、CI、展示等等，有时很难将其归为艺科还是工科。毋庸置疑，服装作为人类生产、生活本身的实践已存在了几千年，只不过对其理论的探究，则是较晚才开始的。

最早讨论服装理论的是哲学家、人类学家和美学家，他们关注的是人为什么穿衣，也就是服装的起源和功能。黑格尔（Hegel）在他那部三卷《美学》里提到："时髦样式的存在理由就在于它对有时间性的东西有权利把它不断地革旧翻新。"诚然，这说得十分哲理，他又说："除掉艺术的目的以外，服装的存在理由一方面在于防风御雨的需要，大自然给予动物皮革羽毛而没有以之予人；另一方面是羞耻感迫使人用服装把身体遮盖起来。"不过，他的德国同胞，人类学家格罗塞（E·Grosse）认为："……所以遮羞的衣服之起源不能归之于羞耻的感情，而羞耻感的起源倒可以说是穿衣服的这个习惯的结果。"这是他在《艺术的起源》中的精彩议论。以后，像弗吕格尔（J·C·Flugel）、拉弗（J·Laver）等学者都在服装的心理、美学等理论的深层层面作出了卓越的成效。

服装设计教育的逐步完善是在第二次世界大战以后。现代设计教学晚于设计本身也是十分正常的。因为工业设计的教育仅仅始于上一世纪20年代的德国包豪斯。可以作为工业设计范畴的现代服装设计也是从这一体系里派生出来的。人们从服装的板型、裁剪工艺逐步上升到对设计的理念、史论的研究与现代营销手段的研究；从纤维材料到服装销售、从流行趋势把握到衣着行为研究，这是个教学体系，也是一项系统工程。

中国的服装教育是在困难中、在某些偏见中探索成长的，并已经取得了一些的成果。我们有艺科的模式，也有工科的模式，这与发达国家的服装教育类似。但我们尚未建立我们中国特色的模式或各院校的特色模式，这正是我们编撰该丛书的宗旨之一。

本套丛书聘请了国内诸多服装院校的教授参与编著，其内容涵盖了服装教学的诸多方面。当然，我们不奢望成就一座大厦，但愿意为之添砖加瓦。

# 编 委

# ■ 前　言

　　非常感谢我的学生们，书中大部分的作品都出自于他们的手笔。他们用心领会我的教学过程，专注于每一个阶段去练习，用他们的真心、聪明才智和辛勤的劳动，创造出这些美丽的图画。

　　本书适合于服装院校本科、专科教学使用，也可以作为服装爱好者自学的指导书。全书共分为七个章节，概述了服装效果图在服装行业中所处的地位以及范围和原则；总结了服装效果图的各种表现方法；给初学者提了几点要求，让学习者明确服装画的基本概念、详细分类；从人体的表现到服装的外轮廓、内轮廓、线条和色彩等方面分析服装效果图的美感；增加了课程安排与作业分析两个内容，这在第一版里是没有的，所提供的图片都是按照各阶段的教学要求完成的，拟为本课程的教学提供参考；最后是作品赏析，选取了几种不同风格的服装画和服装效果图，供学习者欣赏。

　　学习是一种本能，我们从一出生便开始了各种学习。学习包括三个方面。一是知识的学习：知识的学习要广博，人文的、历史的、现实的、未来的都要涉及，上知天文，下知地理，要了解文化和艺术，深入钻研专业知识，力争成为某个专业的行家。二是技能的学习：学会几门生存技能，例如裁剪、绘制效果图、英语、木工或专业技术等。三是智慧的学习：这是学习的关键，包括做人和做事，有了知识不会做人，一切都是枉然。而做事，是善于将所学的知识融会贯通，能运用于实践之中，这是学习知识的最终目的，是创造性的基础。有知识并不等于有智慧，如果不能将知识融会贯通，只会学不会用，便无智慧无创造可言。所以，学习的智慧在于运用，在于创造。服装效果图的学习也是一样，需要举一反三，灵活运用所学的知识，创造性地表现自己内心的感觉，只要我们付出了真心，勤奋后便会有所收获。

　　服装效果图的表现是服装设计师必须掌握的一项基本技能，就像一个厨师必须学会颠勺，一个船长必须学会看罗盘一样。在学习过程中要学会挖掘我们与别人不一样的个性特质，我们的兴趣所在，树立自信，事情就成功了一半。

# 目录

# 第一章

## 概　述

人生存的基本要素——衣、食、住、行，"衣"被排在第一位，可见"衣"在人心目中的地位，穿得舒服、得体、漂亮让人心情舒畅，充满自信。我认为懂得穿衣的人即使不是一位艺术家，至少也可以称得上是懂艺术的人，或者叫做有艺术品位的人。

人在很早以前就知道遮掩自己的身体，为了遮羞和避寒。黑格尔在《美学》第三卷"雕刻的理想"中说："凡是开始能反思的民族都有强弱不同的羞耻感和穿衣的需要"。早在《创世纪》的故事里也已意味深长地谈到这种转变，亚当和夏娃在从知识的树上摘食禁果之前，都赤裸裸地在乐园里到处游逛，但是一旦他们有了精神意识后，意识到自己的裸体就会感到羞耻。着装体现着文明的进步、经济的发展。服装从遮羞、御寒的目的起步，逐渐演化为炫耀身份、确定等级以及装饰性胜于实用性的必需品。随着时代的发展，"把自己打扮得更加美丽迷人"成为世界上所有人的共同愿望，服装也因此从保暖的生活必需品，变得越来越追求其艺术魅力。大批的服装设计师涌现出来，他们的设计中所包含的艺术价值与艺术感染力是不可估量的。服装被冠以主题、灵感、想象以及神话般的意境；服装语言表现着花团锦簇的美丽新世界、民族风情、古典情怀、科幻未来，表现着大自然中的动物、植物、流星、幻彩、海洋、冰雪，表现人的喜怒哀乐和内在的天真、浪漫、忧郁、理性、非理性等感情世界。人的天性中具有爱美和审美的最原始的冲动，服装是呵护人的这一情感的最贴心、最细心的艺术品，我们有充分的理由在它的设计及美化上多花些时间及精力。

服装画是整个服装事业的组成部分。它为设计生产和销售服务，它传达设计师的意图与时装信息，以及服装的式样、裁剪、缝制的主要结构，表现服装面料的质感、图案和颜色以及服饰配件的搭配效果，提高人们的审美素质。设计师头脑中的自由想象，如"金色的沙漠"、"构筑自我"、"古希腊神话的女神"、"宇宙太空"等等，首先是通过服装画表达出来的。因此，一名优秀的时装设计师也应该是一名优秀的服装画家。如果一个时装设计师不具备画服装效果图的能力，就无法表达他的设计意图，而完美的构想必须要有完美的形式来表现。不能画服装效果图，便不能称之为服装设计师，充其量也只能叫做服装工艺师或结构师。因而学习服装效果图的表现技法，是通向服装设计师的必经之路，也是一个服装设计师必须掌握的基本技能。我们的美感、灵气都可以通过服装效果图表现出来。国际上著名服装设计师，也是技法高超的服装画家，他们非常重视自己表现服装效果图的能力。如ＹＶesＳＡＩＮＴ

1—1

LAURENT（伊文斯）的服装插画流露出个人的艺术气质；CHRISTIAN LACROIX（拉夸）的服装插图最能捕捉到法国女人的神韵，于不经意间流露出浪漫随意的格调，有些玩世不恭的味道，但真实直接的表现仍有个性色彩；GIANFRANCO FERRE（费雷）的服装画有简洁清晰的外形轮廓，精细利落的线条，挥洒数笔就将人物的五官四肢带过，简略的部分留给欣赏者无限的想象空间；VALENTIVO（瓦仑帝罗）、EMANUELUNGARO（温加罗）等，都有其独特的表现风格和纯熟的表现技巧。如图1—1、图1—2是著名服装画家的服装效果图，线条简洁流畅，充满自信。

　　服装画是绘画形式中的一种，但又不同于其他形式的绘画，它具有的特征：

　　一、它是以服装的造型特征、款式、结构、色彩配搭、材质以及服装穿在人身上的美感效果为表现对象的绘画形式。

1—2

二、人体画是所有人物画的基础，没有人体结构知识不可能画好着衣的或遮掩的人体。因此，要画好时装画就必须研究人体结构。

三、必须练习人体速写和人物速写，表现人物的典型形象、典型体型和特定动态。

四、服装画的设计构想须用最简便的方法，形象具体地表现出来。

五、服装画的人物动态特征是将千变万化、复杂的人体动态概括为适合表现服装美的几种理想的动态。

六、人物形象比例常常使用夸张的手法，形象端正大方，具有共性美的特征，人体修长、飘逸，便于表现服装的美感。

七、服饰配件，包、帽、鞋、手饰等与整个人物设计是不能忽略的完整体现。服装画的表现能力不仅体现设计师的设计能力，而且体现出设计师的个人修养、美感及品位。通过对服装画中人体造型、素描、色彩、构图、线条、节奏、韵律等多方面美感知识的学习，学习者的设计能力、心理因素、人格素质、思维方式、美感等都起着潜移默化的改变，在不知不觉中加强了想象能力、创造能力。图1—3～图1—5，无论从画面构图、人物形象，还是从色彩、线条、服装形式和结构等都有较完美的表现。

1-4 （董小路）

DongXiaoLu.
2006.7.14

1-5

## 第二章

# 对初学者的几点要求

一、要学好服装画，学生应该有责任心。无论我们做什么事，没有责任心是不可以的，这不仅是对待事业的态度，同时也是做人的态度。既然我们开始学习了，那么就要学出好样来，才对得起我们自己，以及我们所花的时间和精力。

二、我们首先要准备好一个速写本，画速写是画好时装画的基础。现在好多学生都疏于速写练习，这是不好的现象。不经常进行速写练习就无法画出生动流畅的线条及协调的形体，也无法让我们的服装画表现技法进入自由的领域。我们学院派的教学往往使学生过于拘泥，缺乏生动与自由的表现，而画速写，多画、快速地画是解决这一问题的最好办法。速写练习除了可以训练造型能力、敏锐的观察能力外，同时可以迅速记录下我们头脑中随时可能出现的设计灵感；快速记录生活中、电影里和杂志反映的流行元素，在线条不经意流过的地方或许正好有我们需要的时装造型或者点缀。速写本里可以看到设计师的个性、独创性、热情、志向和勤奋。图2-1～图2-3中，这些服装速写的线条生动、流畅、简练，如不经过长期反复的练习，是不可能达到这种悠游自然的境地的。

2-1

2-2

三、画好服装画的诀窍是要掌握好自由和控制之间一个适当的平衡。鉴于时装画的特性，这一画种终究是要表现时装以及人物着装的效果，因此，造型语言总是具象的，夸张和省略都要控制恰当。例如可以用一条线、一组线或者一块色彩代替身体的双腿、手的动态或某一形体，但在视觉上一定要像腿和手的替代物，而不是看上去像别的什么东西或似是而非。过分的自由不利于表现时装的款型，过分的正规、严谨、精确，会失去自由、轻松和休闲之感。因而，要学会在自由和控制之间保持一个适当的平衡。例如图2—4～图2—6，寥寥数笔就勾画出时装的特征和模特儿的姿态。图2—7、图2—8既能准确表现服装的款式特征，又能给人轻松和自然的感觉。

2—3

2—4

四、作为服装设计师，必须懂得服装的裁剪，了解面料及辅料的基本知识，具有敏锐把握流行趋势的能力，才能在服装画的表现中准确把握轮廓、结构、工艺、材质等之间的关系。

五、此外，要进图书馆阅览。要经常性地翻阅相关资料，研究大师的作品，不仅仅是时装方面的书籍杂志，还需涉及其他领域，在绘画、雕塑、设计、工艺、建筑、版画制作等领域进行探索，丰富我们大脑的储存及设计底蕴。

六、要对服装的历史有所了解。只对现代和流行感兴趣，而对过去的服装文化历史一窍不通，其结果只能是"知其然而不知其所以然"，也会阻碍自己的发展。俗话说"知己知彼方能百战百胜"，同样，只有了解过去才能知道现在以及预测未来，如果能把对往昔的文化研究同对现代的流行结合起来理解，我们就可以更好地为将来的发展找出自己的道路。

2—5

2—6 (GRUAU)

2—7

2—8

# 第三章

## 服装画的概念及分类

### 一、服装画的基本概念

　　服装画是诸如服装效果图、草图、略图、示意图、服装式样图、服装海报、装饰性服装画等与服装有关的绘画形式的统称。根据不同的需求、形式和内容，服装画可分为服装设计效果图、服装式样图、服装结构图、服装速写、时装广告、时装招贴画、服装插图画、装饰性时装画等。其目的主要是为服装生产、制作与加工，品牌宣传，设计师表达设计灵感、审美感，服装大赛参赛投标等而作的绘画形式。虽然服装画的内容、形式和意义不尽相同，但有共同的特点，即都是以服装为描绘对象，来表现服装的款式设计和体现各种款式穿在人物身上的效果，以及以美化人们的心灵、环境和生活为目的。如图3-1～图3-6，其中根据内容、形式和表现方法的不同，有为设计大赛而作的效果图，有着重表现服装款式的效果图，有时装广告，有制服设计投标的效果图等。

3-1（付晓）

3-2（黄存椿）

3-3（付晓）

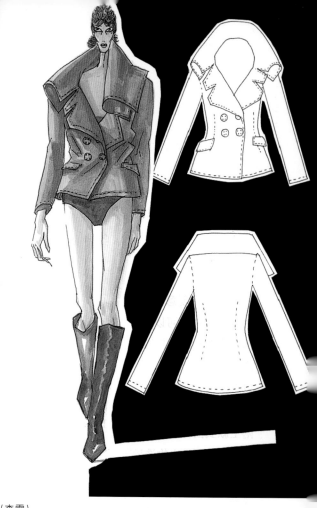

3-4（李雪）

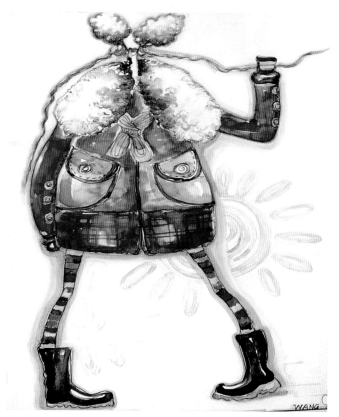

3-5（王曦一）

3-6（郭向宇）

## 二、服装画的分类

### 1.服装设计效果图

  服装设计效果图意为说明、图解、实例等。服装设计效果图是设计师将头脑中涌现的服装款式、人物穿着效果的构思与设计灵感用绘画的形式快速、简明扼要地表现出来，目的是表现人物着装后的艺术形象和效果。其中，设计目的不同，表现方法也有所区别，如果作品为设计大赛或创意服装而作，表现形式相对自由，风格多样，可以带有设计师的个人风格、激情，着装人物具有艺术性。为了达到理想的艺术效果，细节部分并非一丝不苟，某些地方可以"意到笔不到"，做适当省约。但由于省略了细节部分，为了便于以后的制作或评审同时要附上款式图，例如图3-7、图3-8是创意服装设计效果图，人物造型作了有趣的夸张。如果是为成衣设计而作的效果图，要求清楚地表达服装款式、结构、工艺细节，以及局部放大说明等。例如图3-9、图3-10，这是为团体设计的职业服装效果图，人物造型严谨，动态采用立姿正面，结构表现清楚，细节标志都作了一丝不苟的表现。

3-7（王曦一）

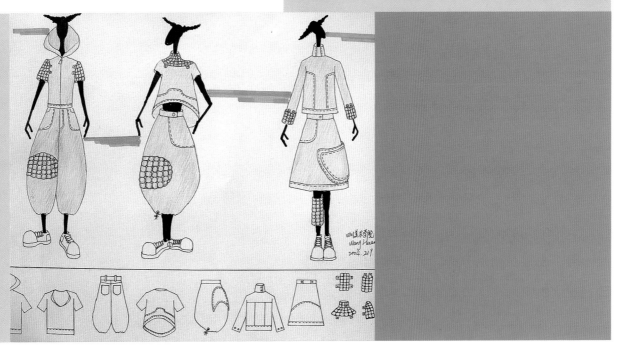

3-8（王环）

绘制服装设计效果图，要求设计师具有一定的绘画能力、裁剪缝制的知识、面料辅料的基本知识以及创造性的头脑和前卫新颖的时代感，同时须对服装的流行趋势、市场销售、制作工艺等作详细的了解，并在款式上反复推敲，得出理想的构思，然后表现在画面上。根据设计项目的需要一般还应配上正面、背面结构图，面料小样和必要的文字说明等，如图3－11～图3－13。服装设计效果图的表现方法可以是多种多样的，在清楚表现设计意图的前提下，或写实、或夸张、或装饰，可根据设计师的习惯和设计的需要而定。服装效果图常常是设计师本人绘制，并且这也是服装设计师必须具备的基本技能。

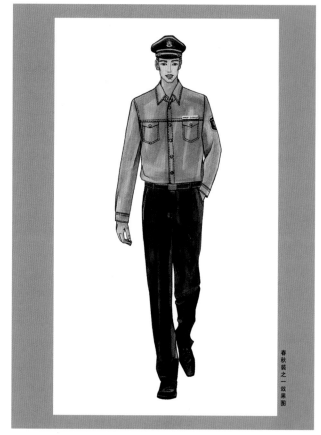

春秋装之一效果图

3-9（刘光宇）

夏装效果图

3-10（刘光宇）

3—12（税嘉）

3—13（税嘉）

3—11（柳倩）

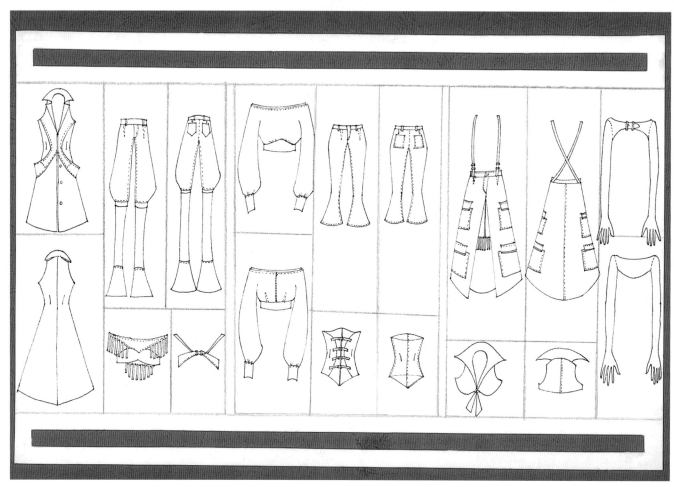

东浦服装发展有限公司
**MBSKY 样品制造单**

版单款号：　　　　款名：　　　　设计款号：

Back

宽10cm，车同色明线0.2X0.7cm

车同色明线0.2X0.7cm

长10cm，宽3cm
车同色明线0.2

装同色拉链

车同色明线0.2

车同色明线0.2X0.7cm

车同色明线0.2X0.7cm

车同色明线0.2X0.7cm

车同色明线0.2X0.7cm

距离中缝6cm

宽7cm，车同色明线0.5cm

距离中缝8.5cm

口袋宽15cm，长21cm，
车同色明线宽0.5cm

下摆宽3cm

front

袋盖长15cm，
上宽6.5cm，下宽4.5cm，
车同色明线0.5cm

| 部位\尺寸 | 初版 | 定版 | 样衣 | 定款 |
|---|---|---|---|---|
| 后中长 | | | | |
| 肩宽 | | | | |
| 领围 | | | | |
| 领高 | | | | |
| 胸围 | | | | |
| 腰围 | | | | |
| 下摆 | | | | |
| 袖长 | | | | |
| 夹圈 | | | | |
| 袖肥 | | | | |
| 袖口 | | | | |
| 裤长 | | | | |
| 臀围 | | | | |
| 裤口 | | | | |
| 前浪 | | | | |
| 后浪 | | | | |

辅料：　　　　印/绣花：　　　　色彩：　　　　面料：

设计：

版师：

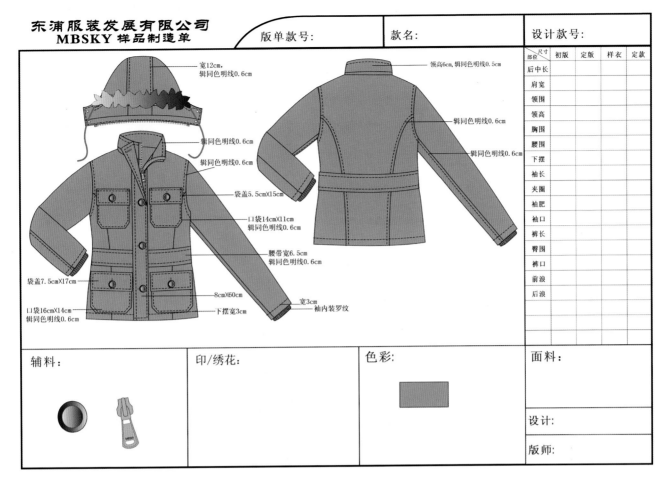

东浦服装发展有限公司
MBSKY 样品制造单

版单款号：　　　款名：　　　设计款号：

| 部位 \ 尺寸 | 初版 | 定版 | 样衣 | 定款 |
|---|---|---|---|---|
| 后中长 | | | | |
| 肩宽 | | | | |
| 领围 | | | | |
| 领高 | | | | |
| 胸围 | | | | |
| 腰围 | | | | |
| 下摆 | | | | |
| 袖长 | | | | |
| 夹圈 | | | | |
| 袖肥 | | | | |
| 袖口 | | | | |
| 裤长 | | | | |
| 臀围 | | | | |
| 裤口 | | | | |
| 前浪 | | | | |
| 后浪 | | | | |

宽12cm，
辑同色明线0.6cm

领高6cm,辑同色明线0.5cm

辑同色明线0.6cm

辑同色明线0.6cm

辑同色明线0.6cm

袋盖5.5cmX15cm

口袋14cmX11cm
辑同色明线0.6cm

腰带宽6.5cm
辑同色明线0.6cm

袋盖7.5cmX17cm

8cmX60cm

宽3cm
袖内装罗纹

口袋16cmX14cm
辑同色明线0.6cm

下摆宽3cm

辅料：　　印/绣花：　　色彩：　　面料：

设计：

版师：

3-16（黄存椿）

## 2．服装式样图（款式图）

服装式样图，意思是草图、略图、样式图等，如图3－14。服装式样图也可以称为服装款式图，它将服装的外轮廓（服装的外形特征）和服装的内轮廓（衣领、开襟、开袋、省道线、装饰线、结构线、扣子、装饰扣等）合乎比例地、协调地、非常清楚地组合并描绘出来。服装并非穿在人的身上，而是以平铺的方式展现，在表现形式上更注重服装的外形款式，如方形、三角形、梯形……以及结构特征，如结构线、省道线、公主线、衣袋、领、袖等。在制图时，这些外形款式和结构特征基本不作省略，并且一丝不苟地将服装的式样表现出来。轮廓可以是没有粗细变化的匀线勾勒，动态基本采用正面、3/4侧面、正背面等，也可省略人体仅绘制衣服的款式特征，或局部工艺制作方法，或用文字提示制作的工艺要求、面料及辅料的要求等，如图3－15、图3－16。服装款式图的表现形式基本不带设计师的个人风格和激情，服装式样图适合设计师提供给顾客，或提供给工厂的制作部门，因此需要设计者清楚地表达服装设计

3-17（税嘉）　　3-18（税嘉）

款式的细节，服装所用材料、辅料、配件、标准尺寸以及工艺制作上的特殊要求或排料图、裁剪图等。绘制服装式样图，要求设计师具备设计方面的基本能力，要有创造性的头脑，能敏锐地把握时尚与流行，具有裁剪与缝制方面的基本知识，面料辅料方面的基本知识，懂结构、工艺，对服装的销售市场有详细的了解等，如图3－17～图3－20。

服装设计式样图与服装设计效果图的不同之处：服装设计

3-19 （税嘉）

3-20 （税嘉）

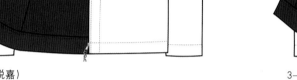

2cm
毛边
三针五线

三针五线放松后
车线外露

FAIRWHALE JEANS　STYLE：06SS-01-04

主题：日本系列
品名：印花圆领短袖 T-SHIRT

胶印细节设计八

布标
（对标）

1.5CM　3CM

毛边
三针五线

5CM

同色印花
＋
部分绣花

印花图素

毛边
三针五线

1.5CM

BACK

全棉

FRKNT

毛边
三针五线

印花工艺：胶印
绣花工艺：走针绣

面料

WHATE　　BLUE　　BLACK

总监批阅　　　　打样工厂：健灵

3-21 （税嘉）

0.8cm　2.2cm
嵌条　　　　　　洗破

嵌条外露0.8cm

图纹布

2.2cm

FAIRWHALE JEANS　STYLE：06SS-03-050

主题：欧风系列
品名：印花圆领短袖T-SHIRT

FRONT

BACK

印花图案

全棉竹节布

面料

总监批阅：　　　　　打样工厂：海云

3-22（税嘉）

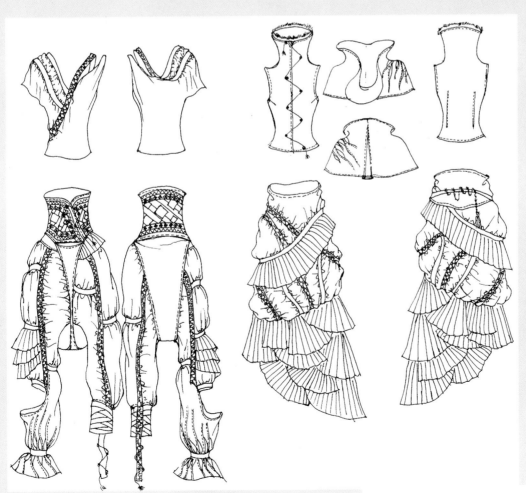

3-23（张折明）

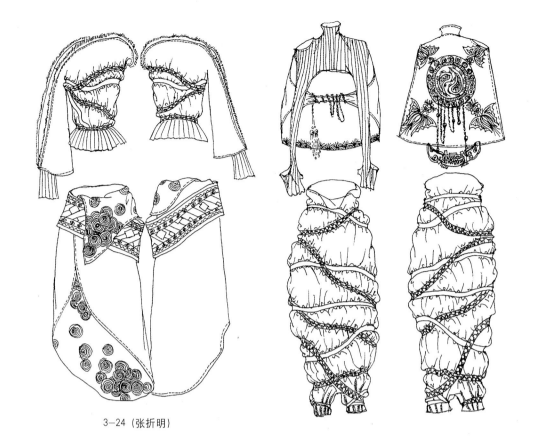

3—24（张折明）

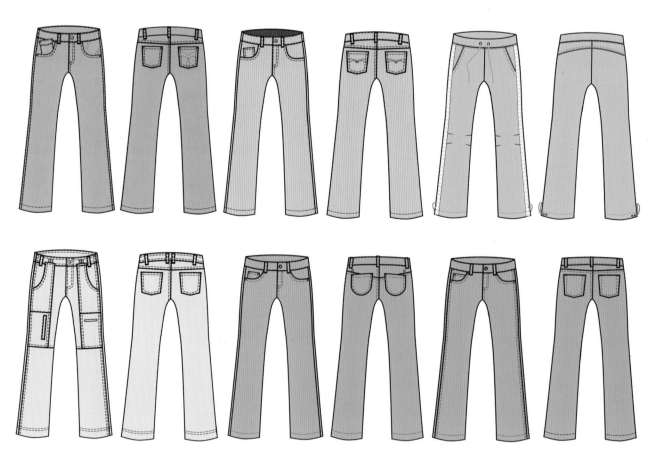

3—25（黄存椿）

效果图注重画面的艺术性、表现性、装饰性，以及衣服穿在人物身上的着装效果，是为设计投标、创作设计、宣传、插图等而做；而服装设计式样图是直接为生产和制作服务的款式图解说明书而做。服装式样图可以用电脑绘制，如图 3—21、图 3—22；也可以随手描绘，如图 3—23、图 3—24；还可以利用直尺规整地表现，如图 3—25。

### 3. 服装结构图

结构指各部分的组织方式和内部构造，也称之为服装裁剪图。服装结构图是利用直尺绘制服装的前衣片、后衣片、袖片、领片等，如图 3—26、图 3—27。它以单线勾勒，或配以淡淡的平涂灰色以区别，要求比例正确、表现工整。服装结构图是服装版形师在服装裁剪时所做的效果图。

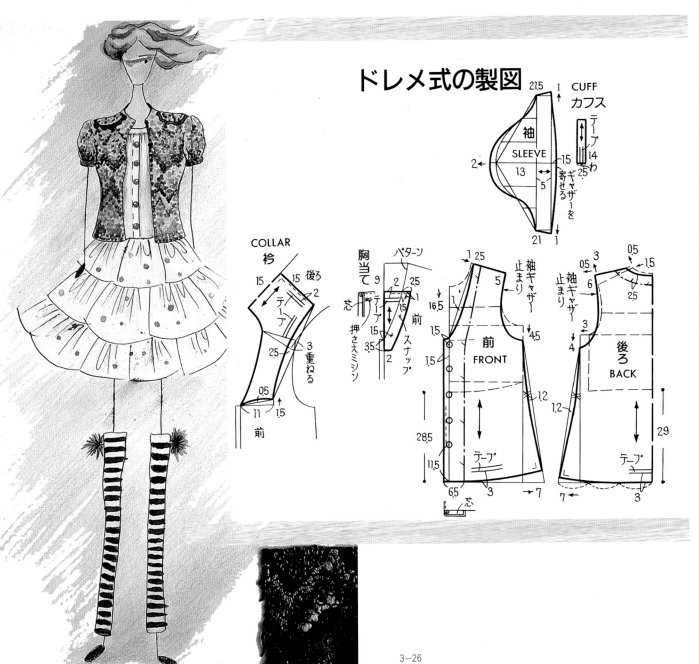

3—26

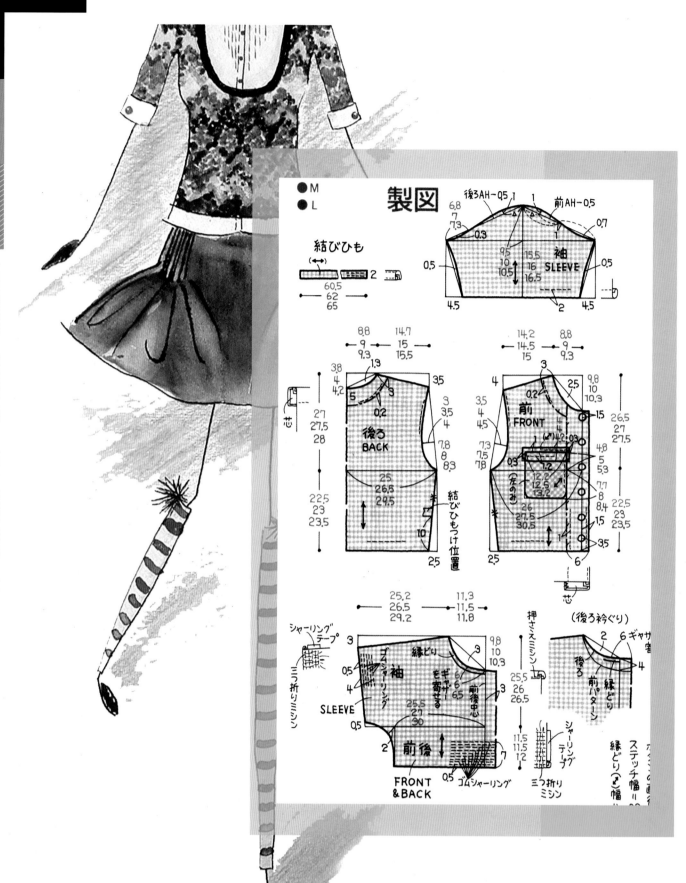

製図

● M
● L

結びひも
(↔)
60.5
62
65
2

後3AH−0.5 1    前AH−0.5
6.8    1    0.7
7
7.3    0.3    袖
9.5    15.5    SLEEVE
0.5    10    16
10.5    16.5    0.5
4.5    2    4.5

8.8    14.7              14.2    8.8
9    15                14.5    9
9.3    15.5              15    9.3

3.8    1.3    3.5    4    3    9.8
4    3    0.2    2.5    10
4.2    5    3    前り    10.3    1.5
27    後ろ    3    3.5    FRONT    26.5
27.5    BACK    4    4    4.5    0.3    4.8    27
28    7.8    7.3    0.2    5    5.3    27.5
8    7.5    8
8.3    7.8    12.2    7.7
22.5    2.5    12.5    8    22.5
23    26.5    13.2    8.4    23
23.5    29.5    26    1.5    23.5
27.5    3.5
10    30.5
2.5    2.5    6
芯

25.2    11.3
26.5    11.5
29.2    11.8

シャーリング    3    縁どり    3    9.8    押さえミシン    (後ろ衿ぐり)
テープ    ゴムシャーリング    ギャザ    10    2    ギャザ容
0.5    6    を寄せる    10.3    25.5    後ろ    4
4    SLEEVE    6.5    前後中    26    前パターン    縁どり
0.5    25.5    心    26.5    縁どり
27    3    11.5    ステッチ幅
2    前後    30    11.5    シャーリング
FRONT    0.5    7    12    テープ
&BACK    三つ折り
ミシン

## 4. 服装速写

　　服装速写、服装招贴画、服装插图画、装饰性服装画、服装漫画等都属于服装画的范畴，只是因用途不同而表现方式也不同。"速写"，顾名思义就是快写快画，须用笔简练、流畅，迅速地捕捉并表达出着装人物的神韵。服装速写便于设计师快速表达头脑中的灵感闪光，以及资料采集，也是时装设计师或时装画家需经常练习的基本功。好的时装速写作品可作为插图用在书籍或时装杂志上。如图3—28的钢笔勾线速写，线条流畅、动态富有节奏；图3—29的铅笔速写，用笔虚实有致，结构准确，动态自然。

3—29

3—28

## 5. 服装招贴画

服装招贴画也叫服装广告画，目的是为推广新款式，为品牌的宣传和销售服务，因此也称为服装商业画。此类画注重艺术感染力，广告的宣传性，无论是形象、色彩、构成关系等都要求主题明确并具有强烈的视觉效果。其表现方法不受限制，构图形式可全身，也可半身，或者只画头像或服饰配件，如包、帽、鞋、首饰等。绘画形式常采用装饰性绘画、写实绘画，或剪贴、剪影、喷绘、漫画等。表现对象可采用设计师自己的服装设计作品，也可采用服装设计大师的作品或借鉴服装摄影作品。绘制这类作品的可以是服装设计师，也可以是专业画家。例如日本的福山小夜、三宅章夫、台湾的萧本龙等都是较著名的服装画家，他们

3-30（三宅章夫）

的服装招贴画造型概括，用笔简练。如图3-30、图3-31是日本服装画家三宅章夫的服装招贴画，作品用非常简练的造型高度概括了服装模特儿的形象气质，画面的色块划分考究，色彩搭配协调中有对比，在规范的几何形中，模特儿脸上和头发上几笔挥洒的写意顿时让画面灵动了起来。图3-32、图3-33是细川弘司的两幅写实服装招贴画，图中所要表达的寓意不言而喻。这几幅招贴都是上世纪80年代的作品，如今的广告、招贴大多用电脑代替，手绘的作品已经很少了，这当然是时代进步的表现，但完全用电脑代替手绘不免会有遗憾。

3-31（三宅章夫）

3-32（细川弘司）

3-33（细川弘司）

## 6．服装插图画

插图又名"插画"，指插附在书刊中的图画，有的安排在文字中，有的用插页的方式对正文作形象说明，以加强作品的形象感染力，有的不作文字说明，仅为时装杂志和画报作装饰。服装插图画的表现方法多种多样，对服装效果图而言，其更具绘画性、表现性、欣赏性。画家根据书中的内容进行创作，因此插图又具有相对独立的艺术价值。此类作品的创作者除服装设计者以外，也有不少著名的时装插图画家。日本的小栗重子、西村珍子，中国的叶浅予先生等都有不少优秀服装插图画作品，并给人留下深刻印象。如图3-34，人物造型夸张，色彩优雅；图3-35作为服装杂志中的插图为杂志增添情趣。

3-34（税嘉）

3-35

## 7. 装饰性服装画

这是一种为欣赏而作的服装画。除表现服装的式样及穿着效果外，它更注重艺术感染力，注重画面背景和整体环境气氛的处理，并与着装人物构成完整画面；外轮廓造型多以几何形概括，色彩单纯艳丽。如图3—36水粉表现的装饰性服装画，除了模特儿和服装的表现以外，配以环境的烘托，构成有情节的画面；又如图3—37，这幅采用描绘与剪贴等综合性手法表现的装饰性服装画，可以用于时尚杂志的插图，或者用于环境装饰；图3—38用水粉平涂表现的装饰性服装画，外型以几何形体概括，单纯而整体，色彩鲜艳，对比强烈。这些采用不同工具来表现不同风格的作品，作为一种艺术形式在起居室、宾馆等场所起美化环境的装饰作用，画面格调高雅、清新，色彩造型均带装饰性。画面的服装设计可以是画家自己的设计作品，也可以临摹服装大师的作品。

3—36

3—37

3—38（驹田寿郎）

### 8．服装漫画

　　服装漫画是采用漫画的夸张、象征、幽默等手法，表现服装的特征，它给人有趣、诙谐的艺术感染力。近年来漫画广泛流行，深得各类人士喜爱，大多设计师乐于使用漫画形式表现服装效果图、服装广告画或插图，也为欣赏而作。采用漫画形式表现的儿童服装设计效果图，尤其符合儿童天真、有趣的心理和生理特征，因此常被设计师采用。例如图3—39、图3—40手绘童装漫画服装画，表现了儿童的顽皮和少女的可爱；图3—41是采用电脑绘制的漫画服装画，动物的造型和儿童的滑稽都适合用漫画来表现，夸张的人物形象非常有趣；图3—42～图3—44是近几年流行于服装效果图中的漫画形式。

3—39（赵青）

3—40（彭奂焕）

3-41（王曦一）

3-44（杨楠）

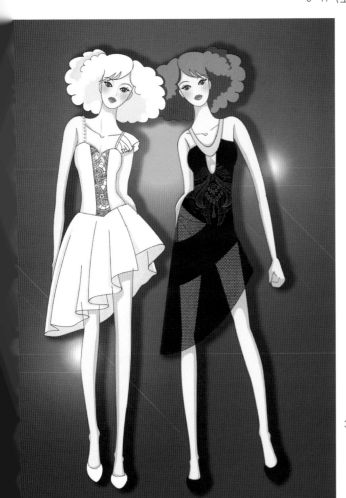

3-43（黄存椿）

3-42（黄存椿）

## 9．电脑设计服装画

随着电脑技术的发展，电脑技术也运用于服装设计，如电脑制图、制版、排料、放码等。电脑绘制以其快速、准确、标准化取胜。近年来用电脑绘制服装效果图越来越为广大设计师所喜爱，特别是用于集团制式服装的设计，其在直观上更具真实性的效果常常更容易得到客户的青睐，然而它的生动性、艺术性和一些特殊要求的设计却无法代替手绘。图3－45、图3－46是用电脑绘制的服装效果图。我们也可以将画好的画扫描进电脑，然后再利用鼠标和色彩工具进行着色、贴面料以及处理背景，这样既能保留画面手绘的自然生动感觉，又使画面更加丰富和真实。图3－47～图3－51都是将手绘的草图扫描后再进行背景处理或服装着色的服装画。

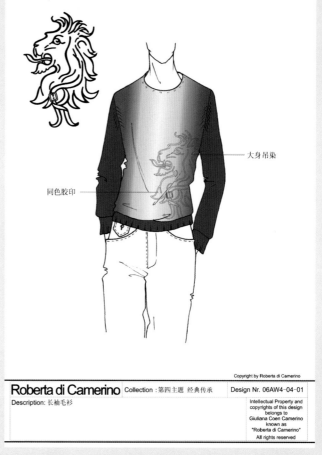

同色胶印

大身吊染

| **Roberta di Camerino** | Collection：第四主题 经典传承 | Design Nr. 06AW4-04-01 |
| --- | --- | --- |
| Description: 长袖毛衫 | | |

3－46（税嘉）

3－45（彭奂焕）

3—47（周洪）

春夏装设计

MELODY    MEILODY    MELODY

3—48（付晓）

3—49（黄存椿）

美丽的中国

3—50（王颖）

3—51（孙智慧）

# 第四章

# 服装画的艺术性

　　随着时装业的发展，服装画成为一门独立的艺术已是不争的事实。艺术离不开美，美感在生活中占据着相当重要的位置。日常生活中，我们的衣、食、住、行离不开美的选择，尤其是在当今，穿衣不再是为了保暖、舒适及美化自己，提高生活品质才是人们不断追求的目标。人的眼睛对事物的单纯外表特别敏感，被其所吸引，哪怕是在最简单、最庸俗的商品中，也为其外形花掉不少时间和功夫。回想一下与我们生活相关的林林总总，有哪样不是经过精心的内在及外在的设计的。人们选择自己的住所、衣服、日用品及朋友、情人，甚至是领导选举时，也无不根据它或他们的美感效应。我们的天性中有着一种审美和爱美的最根本、最普遍、最原始的倾向，那么对直接美化人体的服装的选择更是如此，因此现今的服装设计变得越来越讲究形式、色彩和装饰。服装画是设计的最初表现阶段，因此，在服装画的创作中不能忽略这种人性中如此显著的审美能力。

## 一、人物造型的艺术性

　　人物造型艺术中，"形"是必需的、不可或缺的属性。服装画是具象的，是供服装裁剪、销售、宣传或作欣赏之用的绘画，形的构成尤为重要。所谓"服装"，即衣服装扮在人体身上。服装的美是通过人体的美表现出来的，所以研究服装，首先就应该研究人体的造型，而不仅仅是衣服的造型。

### 1. 人体比例

　　人体是完美的、自然的、协调的、令人赏心悦目的，如歌德所说："谁看着人体美，任何不幸都不能触及他，他能感到自己和世界完全协调。"因此我们没有理由不把它的美很好地表现出来。人体美是世间万物中的精华，是全身各部分比例协调的结果。从人的身高比例来看，我国标准的人体比例是7个头高，欧美人是8个头高。而在服装画中，为了能充分展示服装舒展、飘逸的效果，通常采用较夸张、更理想的人体比例。理想的服装人体比例是9个，甚

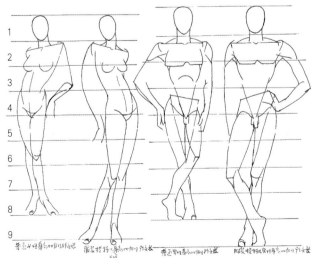

4-1

至10个头高，夸张的方法是基本保持躯干部分的4个头高，而增加人体腿部的长度，女性还可以适当增加颈部及腰部的长度，如图4-1。但这种比例的夸张是有限度的，不恰当的、任意的夸张都会破坏美感而适得其反，甚至不如采用标准的比例更为妥当。实践证明，理想的人体比例能满足人们视觉的美感要求，高挑的身材更能展示服装的完美造型，这也是服装模特儿的身长高于普通人的原因，图4-2、图4-3都是拉长人体高度的范例。人的外形特征男女有别，女人的形体，肩窄、腰细、髋宽，躯干的外形呈花瓶状，身高低于男性；男子的外形肩宽、髋窄，似倒三角形。在表现对象时应把握人体的基本特征，画出女性修长的曲线美，男性强健硬朗的肌肉体块美；女人体适合用柔美的曲线表现，男人体采用刚健的直线居多。

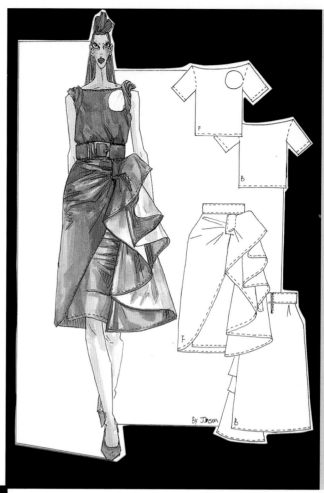

4-2（李雪）

4-3

## 2．人体外形特征与运动节奏

人体之所以美，是由于它固有的造型给人美的感觉，而动作构成人体更完美的曲线和节奏感。人体的生长结构有特征可循，如图4-4，椭圆的头下是方形的肩，胸腔是带圆的，髋骨又呈方形，股是长圆的，膝盖又呈方形，膝以下是圆形的小腿及三角形的足，人体正面可以概括为以上几种不同的几何形，并方圆有致，有机结合构成有变化的、生动的造型。从侧面看，人体头颅的角度是向后倾斜的，而脖子向前倾斜，胸廓又向后倾斜，腿即呈"S"形，形成前后交错的节奏，如图4-5。综上所述，人体外形有方、有圆、有曲、有直，有前倾、有后仰，几乎包括了世间所有的造型，既有变化又有统一，难怪人们要说，人体是造物主最美妙的杰作，如图4-6。因此，在画服装人体时，不应忽略人体的造型特征和人体的自然曲线，否则画出的人体是呆板和僵硬的。恰当夸张人体各部的扭动关系，能使画面更有动感，同时也不能忽略对人体重心与透视的把握，如图4-7。

4—4

4—5

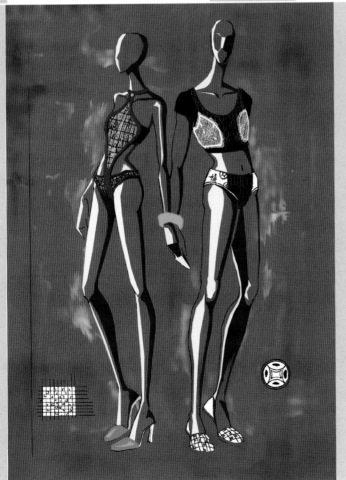

4—6(付晓)

4—7

### 3．服装画常用的人体姿态

　　服装画常用的人体姿态一般是采用模特儿在T形台上对观众的亮相动作，以及从舞蹈、体操、日常生活中提取的，便于展示服装效果的固定姿态。效果图的用途不同所选人物的姿态也不同，如表现成衣效果图、式样图，选用的人物动态不宜过分夸张，而展示表演艺术装的模特儿的动作可以采用一些舞蹈及体操动作来增强艺术服装的表演性及感染力，还可以适当夸张人体的扭动来获得节奏感和平衡感。图4-8、图4-9作为服装广告和服装插图的人物动态往往不作太大的限制，可以根据内容的需要而定；图4-10和图4-11是成衣和职业装设计的效果图，人物造型端庄大方，常用的姿态一般是全身的正面或3/4侧面，姿式也没有太大的扭动；而家居服的人物造型可选用较自然的日常生活动态，如图4-12；也有采用背面或坐姿的服装画，可根据不同的表现内容决定姿式和角度的服装画，如图4-13。

4-9（刘容）

4-8

4—10（谷淼）

4—11（刘光宇）

4—12（刘晶）

4—13

### 4．人体的局部表现

（1）头颈部、发型和帽的表现

a．头颈部

头部是人物造型的关键部分。头部在外形上分为脑颅和颜面两部分，脑颅呈半圆形，颜面似马蹄型。我们可将头大致看成一个蛋形，颈看成圆柱形，颈部与头部形成一定角度，才显得生动和符合生长结构，头部通过颈的运动可前俯后仰，左右转动。服装画中，人物头部的动态及透视变化不宜太大，一般以正面、侧面、3/4侧面为宜，约为仰视，或俯视。但这不是绝对的规定，特别是对于服装插图画、装饰性服装画，头部的动态可根据构思的需要自由变化。头部的处理要概括、简练，避免繁琐的细节，不宜过分强调面部细微的结构变化，如图4—14。

4—14

b．发型

头发是附着在头颅上的，因此在处理头发时，要注意脑颅的体积结构以及颜面和发际的关系。服装模特儿的发型讲究时髦，同时需要和人物的身份、服装的款式相协调。例如，服务小姐的发型就不能描绘成长发飘逸的样子，身着晚礼服的人的头发就不宜设计成运动式，儿童有儿童的发式，青年有青年的发式，中年、老年的发式又不一样。总之，发式设计只有符合着装人的年龄、性别、身份，才显得协调优美。发型设计和服装设计是相互衬托的，服装因合适的发型相衬而达到更完美的效果。无论是对长发、短发、卷发还是直发的描绘，线条都应流畅，表现应简洁、生动，要注意用疏密不同的线条表现出头部的立体感，如图4—15。根据需要还可夸张发型的特征使整个人物造型更加出色，如图4—16的爆炸式发型，并配以各种鲜亮的颜色，抢人眼球。

c．帽

帽是服装设计中的一部分，并与服装的设计相协调，形状也是多样的。大体上帽可分为无沿帽和有沿帽，男士帽、女士帽、古典风格帽、呢帽、草帽等等。表现时，要将帽子戴在圆形头颅上的效果表现出来，不重视它们之间的关系会影响头型的整体效果；不同质地以及不同形状的帽子戴在头上会产生不同的皱折，

4—15

03 级服装 **柳倩**

4—16

要用不同的线条表现其不同的质感及形象。作画时应先将头部的造型画出来，然后再画帽子的造型，这样容易画得准确，如图4—17～图4—19。

(2) 面部五官的表现

a. 五官的比例

服装画人物的形象常常表现共性美，但也不排除近年来流行的个性美。共性美表现的是端正大方，面部形象是否端正大方取决于五官比例是否恰当。中国绘画史上对面部五官的比例概括有"三庭五眼"之说。"三庭"：从发际到眉毛为"一庭"，眉至鼻底为"二庭"，鼻底至下颏为"三庭"。"五眼"：人物正面脸的宽度为五只眼睛的宽度，两眼间的宽度为一只眼睛，鼻的宽度略大于两眼间的距离，嘴的宽度略微超过鼻的宽度，耳朵的上沿齐眉毛，下沿齐鼻底。女性的前额高些比较好看，眉眼要画得舒展，无论一个人的眼睛或大或小，鼻子、嘴巴长得是否美丽，只要他的"三庭五眼"端正了，那么他的颜面决不会太丑。以上这些比例的划分不一定符合个性美的服装画人物的五官比例和造型，个性化的人物形象中可夸张眼睛以及嘴巴的造型，不过很少夸张鼻子，甚至可以省去鼻梁的描绘，仅用一点或一条线代替，哪怕根本不画也不伤大雅。如图4—20是基本符合标准的人物五官比例，图4—21并不按三庭五眼的比例，而是夸张眼睛的造型，图4—22夸张嘴巴的造型。人物五官的夸张表现具有个性和诙谐幽默的形象特征，是现在很多设计师比较热衷的表现形式。

4—17

4—18

4—19

4—20

H.J. 00.10

A SERIES OF DRESS DESIGN

4-21（刘容）

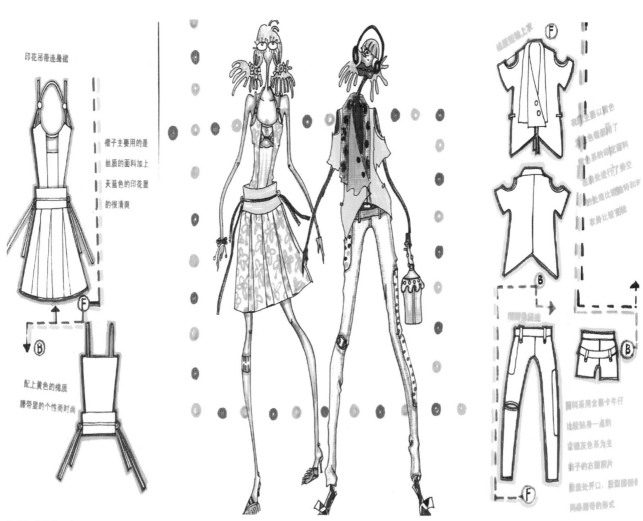

印花吊带连身裙

裙子主要用的是
丝质的面料加上
天蓝色的印花显
的很清爽

配上黄色的棉质
腰带显的个性而时尚

4-22（王曦一）

b．眼与眉的表现

有名人称："眼睛是人类灵魂的窗户。"人物的内心世界—喜、怒、哀、乐，个性特征—聪明、善良、邪恶都可以从眼睛里流露出来。例如：清澈明亮是儿童或少女的眼睛，善眉善眼是好人的眼睛，贼眉鼠眼是奸人的眼睛……要画好眼睛，需了解眼部的结构。眼由眼眶、眼睑、眼球三部分组成，上眼睑可覆盖眼球的3/4，因此上眼睑的运动会影响到眼睛的闭启。画眼线时，眼睑线的转折应符合眼球的转折。睫毛长在上下眼睑的内侧，作服装画时以适当夸张眼睫毛的长度使眼睛显得妩媚。眼睛的表现要概括，但不能简单，要既明确又精练，这必须对眼部结构有深入地了解，才能表现得充满神采。图4-23的眼睛是呈菱形的，上眼睑覆盖下眼睑。在画眼睛时，应考虑眉的位置，眉起于眼眶上沿内角而延至外角，内端称眉头，外端称眉尾。眉头与内眼角在同一条垂直线上，如两眉间靠得太近显愁眉苦脸相，如两眉间离得太远则显得呆笨。因此，两眉间的距离是一只眼的宽度，靠得太近与太远都不合适。眉分上下两列，下列呈放射状，内浓外淡；上列眉毛覆于下列眉毛之上，走势向下。上列眉自眉头1/3处开始生长，外端面积大于内端。眉角、外眼角与鼻翼三点连成一条斜线。高挑的眉给人冷峻的感觉，弯弯的眉则显得甜美，儿童的眉要画得平而短才可爱。

4-23

c. 嘴与鼻的表现

嘴在五官中表情丰富，仅次于眼睛。嘴的形状是多样的，有宽有窄，有厚有薄；有的显圆形，有的显方形；有线条清晰的，也有柔和的；有坚毅的，也有丰润的等等。服装画中人物的嘴唇应画得丰满、标准，也有稍作夸张而画出个性化的嘴唇。嘴角是嘴的情感表现的关键，作画时，应准确表达那种微妙的感觉。女性服装模特儿都涂着口红，在表现时可突出其艳丽的色彩效果。图4-24的上唇似山形，中部呈球状，两边是狭长的翼；下唇厚于上唇，正面有两个微微隆起的部分，两侧是收起的翼；侧面的双唇呈三角形。鼻子由鼻骨、鼻头、鼻翼构成，在颜面上基本没有动态变化。鼻翼可能是纤细的、膨大的、圆的、三角形的等。服装画中人物的鼻形选择不宜太有个性，女性的鼻梁应画得略略弯曲，鼻头小巧圆满，鼻翼纤细，表现出清秀温雅的美感；男性可表现出鼻骨的硬度；儿童鼻梁低，鼻头上翘。服装画中鼻部一般不作夸张强调，漫画服装画除外，如图4-24。

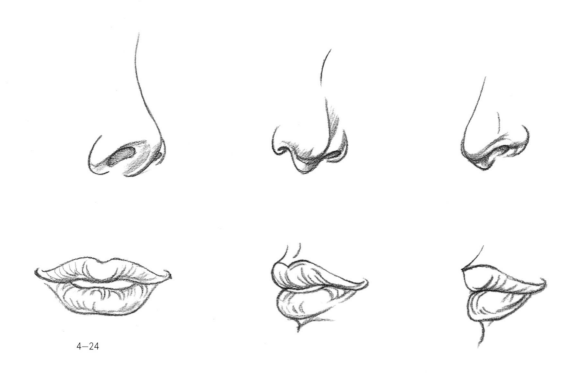

4-24

(3) 手与腕、臂的表现

常言道："画人难画手，手是人的第二脸面"。手的表情姿式丰富，尤其是女性的手，纤细而柔软，能表达感情和表现美感，不多练习便难于掌握。手由手掌和手指组成：手掌如扇形；拇指由两节小骨组成，其余四指各由三个一节短于一节的小骨组成。画时要把握骨骼结构关系，表现出骨感，并且要研究动态规律，画出主要体现手的结构和动态的关键部位，次要的部分可以省约，以简洁的笔调表现手的生动形态。手腕是连接手与前臂的，约呈方形的过渡部分，手、腕的运动是相互配合协调的，共同构成手部的姿态。初学者往往容易忽略腕部的造型，画出来的手看上去很别扭。因此，

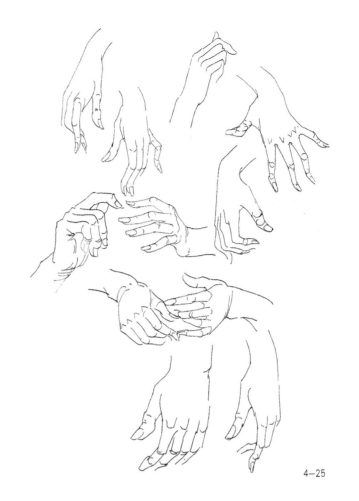

4—25

画手一定要画腕。手臂与手腕是相互联系的整体，在表现的时候需同时考虑，要注意上臂及前臂肌肉隆起部位的造型的准确度，在观察的时候可将整个手臂看成粗细有变化的圆柱体，以便正确把握其透视性及规律性。我们可选择几种典型的服装画人物的手、腕、臂的姿态进行反复练习，以便能生动地表现其姿态。女性的手纤细、柔软，表情丰富、姿态优美、线条流畅；男性的手骨结构明显、粗犷、坚定有力，应区别对待。如图4—25、图4—26中手腕和手掌是产生角度的两个部分，不能混为一谈，要划分出各手指的指关节不同的角度。总之，画手的时候，从手腕到手掌再到各指关节都有一个停顿，画出各关节的转折，才能表现出手的优美动态。

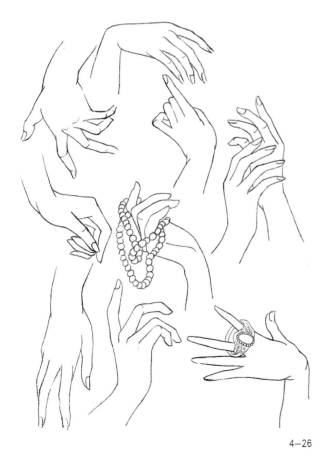

4—26

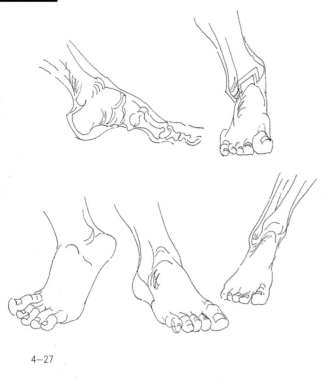

4—27

4—29

4—28

（4）足与鞋的表现

足部，由一连串巧妙的拱形组成而具有负重能力，足跟、足背、足趾与踝关节组合成有机的整体。足的外形，无论是正面还是侧面均呈三角形，画足时注意踝关节的外踝应低于内踝，踝关节相当于手的腕关节，需要特别注意正确表现。女性的足秀气，足趾圆润，要用流畅的线条来表现。图4—27中，服装画的足通常都是穿着鞋的，画鞋时先画足，同时要考虑足穿入鞋时的正确效果。从鞋跟来讲，有平跟、中跟和高跟，女性穿高跟鞋较多，要注意足跟垫高后，足的结构关系的变化。初学者往往忽略足后跟的体积，画出来的足部像锄头一样没有力度，需要注意，如图4—28、图4—29。

(5) 腿的表现

腿在服装画中，常常是被遮掩的，但也有显露于外的时候，如泳装、女性的短裙装、男性的短裤装。因此，不能忽略腿部的结构关系，应将腿的骨骼肌肉作一番了解，但在具体表现时不必过分强调肌肉结构的起伏，特别是女性。女性的腿修长、曲线含蓄，要用柔和的线条来表现；而男性的腿不能画得纤纤弱弱，应是肌腱刚劲有力。如图4—30，从正面看，大腿外侧高点高于内侧，线条的角度从上至下是往内的；膝关节部分是方形的，与大腿相反，线条角度往外；整个小腿的线条角度又是朝内的。从侧面看（立姿），从大腿到膝关节的线条角度往后倾斜，小腿到踝关节也往后倾斜。因此，无论从正面看还是侧面看，腿部都是呈S形的，在画腿部曲线时高低点要准确。（图4—31）

4—30

THE FREEDOM CAME TOWARD US

4—31（冯艳红）

# 二、服装造型的艺术性

了解了人体的艺术美以后，还需了解服装的造型美（严格讲是衣服的造型美，衣服只有穿在人的身上才叫服装），服装的造型是服装画的关键，可分为整体造型和局部造型。

## 1．服装的外形造型

一般来讲，服装的外形造型是指服装的外轮廓的造型，服装的形式美感取决于外轮廓。

服装外型的产生来自于设计师头脑里的构思以及生活中的各种形象，如动物、植物、星空、流水、建筑、几何形体、人体的外型等等，都是构思的灵感来源。例如：郁金香袖及郁金香造型的晚礼服的灵感来自郁金香花，喇叭裙是喇叭花型在服装上的运用，燕尾服的灵感来自燕子，未来派风格的服装灵感来自对人造星球及太空星际的幻想，旗袍体现女性人体的曲线，扇型的百折裙灵感来自于扇面等等。所有的物体形态都可以用几何形体来概括，呈几何外型的服装更是多见，如圆锥形的裙子、方形的上衣、三角形的坎肩等。利用几何形进行服装外形设计可以达到明确、简练的效果，也是造型设计中常用的方法。在表现服装外形的时候，无论是穿在人身上或是平铺着都要尽可能概括出衣服本来的造型，减少不必要的外形扭曲，例如矩形、球形、扇型、钟型等等。图4—32概括了内衣衣身的矩形和喇叭袖的三角形，图4—33扇形裙子的概括。此外，服装的整体造型应符合时尚与流行。

4—32（柳倩）

4—33（柳倩）

## 2．服装的局部造型

服装设计精彩与否取决于内轮廓，服装的局部造型即为服装的内轮廓造型，是在外轮廓造型的基础上对服装作进一步的设计和表现。局部造型是指服装本身的具体结构造型，如衣领、衣袖、衣襟、口袋、衣摆、腰饰等，以及工艺制作的造型，如镶嵌、绣、褶等装饰。

领口的造型千变万化，有尖口、圆口、方口，大开口或小开口等；领型也各不相同，有两边对称的，也有两边不对称的，有尖型的也有环型的等。但无论怎样，在表现领口时必须要和脖子的圆柱形相吻合，并注意人物角度和动作变化后，领型所产生的透视变化。局部的造型要服从整体的造型，服装造型才能更加充实完善。

在设计衣袖时要注意将袖山的高低、袖肘的结构线、袖口的大小、手臂在袖笼中的各部分结构关系的来龙去脉等表现清楚，同时不能忽略衣袖与胸廓之间的立体关系。衣襟是衣服

造型的对称或不对称线，同时也是衣服的入口处，它处于视觉的重要位置，因此它直接关系到服装的美感。直线造型给人端庄、简洁的感觉，曲线给人动感。衣襟上纽扣排列的疏密与大小的设计是服装重要的装饰效果，可充分利用之。

口袋的形状更是多种多样，明袋、暗袋、带搭门的口袋等等。口袋的大小、形状、位置的高低对服装的细节造型至关重要。在表现时，应明确表现出它的特征，使人一目了然。

衣摆有平线衣摆、斜线衣摆、喇叭衣摆、收紧衣摆、圆角衣摆、尖角型衣摆等等，在设计时不要忽略表现环绕身体的筒状立体关系。腰饰是服装的重要装饰，腰饰有皮带、布带、金扣、编织带等。在画服装画时应努力画好各种不同质地及不同造型的腰饰，例如皮带的带扣、布带的花结、编织带的折叠等都应尽善尽美地表现，这样才能充分体现出设计的美感。(图4-34)

悠游时尚

4-34（冯艳红）

### 3. 服装的工艺制作造型

　　服装的工艺制作是服装的一个重要环节，越是高级的服装越重视工艺制作，镶嵌、刺绣等的加工使得高级时装锦上添花。卷叶草与玫瑰花的刺绣适合古典风格的服装，八瓣花与万字文的装点使服装具有民族风味，金、银片与珠宝的镶嵌则显示出服装的华丽与高贵。在表现时要清楚地画出图案的形象及所在的位置、色彩以及服装穿着后图案所产生的透视效果，这样才能表现出时装的艺术内涵。

　　服装的装饰工艺经常采用缝贴，例如金属片、珠饰、装饰扣、花卉、动物等。在描绘时应明确缝贴的造型、质地以及衣褶引起的缝贴透视变化。（图4—35、图4—36）

4—35（王曦一）

4—36

# 三、服装画布局的艺术性

　　布局（或构图）是指在画面之内，将各种成分有机地组织起来，使之成为一个统一的、有情趣的整体。这些成分可以包括线条、明暗度、色彩和空间。艺术品是具有情趣的，这就需要画家运用这些基本原理来使其具备趣味性、和谐性和统一性。构图原理包含着动态、重复、平衡、节奏、对比、比例等，在设计一幅服装画时，把相应成分考虑进去，并进行合理安排，会对画面构成有很大帮助。

## 1. 姿态与组合

　　在服装画中，人物的姿态在布局中起很重要的作用，而且一般是与节奏、对比等其他构图原则一起创造出来的。人物的姿态常常选用时装模特儿在台上表演的亮相动作，以及日常生活中的动作或体操、舞蹈动作等。在画面上，

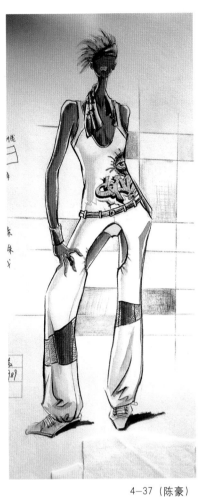

为了使有生命的形体显得生动活泼，应加强人物的扭动节奏。如夸张腰的扭动，加快四肢摆放的节奏，增大头、颈、肩的角度等，使平稳的人物动作丰富起来，从而增强画面的节奏感，如图4—37、图4—38。当然这种夸张要适度，初学者在夸张动态的时候有时会把握不好，超出恰当的范围反而会觉得做作。服装画中常有两个或两个以上的人物组合。在处理多个人物组合的画面时，要注意人物之间的位置关系和在动态上、表情上及服装式样上的联系与呼应，或者有意识地划分空间和用道具配合等等，使画面构成有趣味的整体，如图4—39、图4—40。

4—37（陈豪）

4—38（刘容）

4—39（汪婷婷）

4—40（汪婷婷）

## 2．节奏

　　构图的美感离不开节奏。"节奏"一词，词典里的解释是："有规律的重复产生的运动或波动，或有关成分的自然流动。"它常常用于音乐和诗歌中。在服装画中，人物动态的扭动产生运动的节奏；服装包裹在人体上时，由于身体结构的起伏，在腰部、肘部等形成有规律的、重复的褶皱而产生节奏；不同质感的面料，加上不同运动状态，产生不同的皱褶重复，都可以产生多样的节奏。轻薄面料的褶纹是长而飘逸的，厚重面料的褶纹是宽而硬的，丝绸面料的皱褶可以产生像水纹那样的波动，皮革面料的褶纹有时像刀雕刻出来的；不同的款式产生不同的褶纹，而褶纹也可以传达节奏。面料的图案、花纹可以传达节奏，线条的粗细虚实、用笔的流畅潇洒也可以传达节奏，有节奏的画面是生动和具有美感的，就像有节奏的音乐是动听的，有节奏的生活是愉快的，有节奏的舞蹈是优美的。所以，用笔要尽量的表现出节奏的美感。如图4-41中，柔软线条产生的节奏，图4-42疏密线条产生的节奏。

4—41

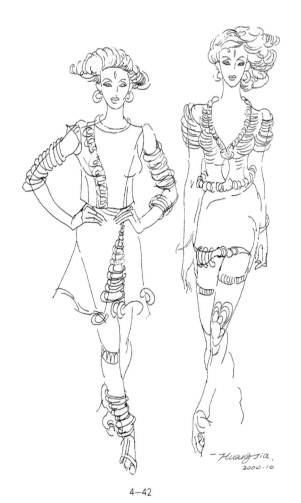

4—42

4—43

### 3．重复

重复是组织构图中产生统一性的最简单的方法，它同动作与节奏的关系非常密切，在多数情况下，这三者是不可分割的。动态的重复产生节奏，色彩的重复产生节奏，形状的重复产生节奏。但对重复的运用不能显得单调，要多样化，重复是服装画与服装设计常用的表现手法。图4—43衣褶边的重复使服装造型产生节奏感与统一感，衣褶边的造型在画面背景上重复，使这幅装饰性服装画具有统一、协调、丰满的画面关系；图4—44将人物动态和造型重复使用，可以增加画面平衡和统一的感觉；图4—45人物及圆的重复组成的对称形式使画面有很强的装饰性。以重复表现画面丰富感和统一感的例子很多，它的运用既能达到好的效果又不是很难实现。

4—44（陈臣）

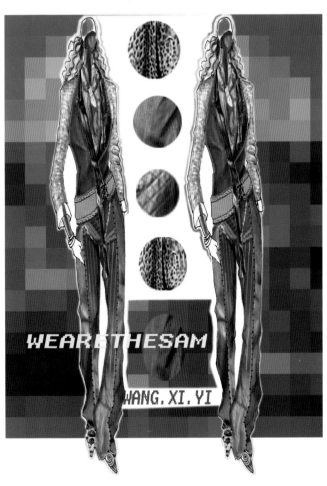

4—45（王曦一）

## 4．平衡

在服装画中，平衡是不可缺少的美感因素。人物是画面的中心，初学者一开始画人体时，就会碰到简单的平衡形式——人体站立的稳定感，动态的平衡感，人物与环境、陪衬物组成画面必要的稳定性等等，如图4-46。形体与形体的平衡，如大小一致、明暗关系一致、形状一致，是很容易办到的。但要获取平衡还有一些微妙而更有趣的办法。在时装设计效果图中，一行文字，甚至一个简单的签名都可以平衡一大片复杂造型，或平衡一个按适当比例布置的空白空间，也可以平衡一个复杂的区域，如图4-47。文字说明、面料小样、背面图等都应与着装人物在画面中取得和谐的平衡关系，所以文字的大小、面料小样的位置、背面款式

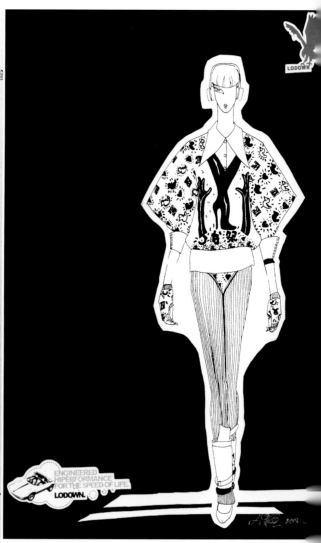

4-47（王颖）　　　　　　　　4-46（汪婷婷）

图的穿插等等，这些都需要细心的经营，如图 4—48。就服装结构而言，服装上的一颗纽扣或一条结构线也可以平衡一大片区域，服装画的平衡除了一般绘画所讲究的构图平衡和色彩平衡以外，衣袋的位置、翻起的袖口、领口，或者省缝线、腰线、肩线等的适当调配均可以达到时装或者画面的平衡。不平衡的设计和画面是可笑的，例如舞台上小丑的服装左右两边的视觉重量是不平衡的，因此，小丑给人的感觉总是要"摔倒"的不稳定的别扭感，但是如果在小丑衣服白色的一边加上重的色块，使视觉重心移向轻的一边，便可以获得视觉上的平衡。如图 4—49 采用重复手法达到的对称平衡。

4—48（柳倩）

4—49（刘晶）

## 5．对比

同布局有关的另一个基本概念是对比。前面讲过，重复是组织产生统一的最简单的方法，那么对比是增加情趣的最有效的方法。过分的统一显得呆板，用对比使之变得生动。相反，过分的突出对比就需要统一性，这是一种适度的交替。对比总能使你想要表现的部分更加突出，如果你想使一个形状看起来柔软和圆润，那么就把它放在一个坚硬方形或呈锯齿状的形状旁边；如果你想使某部分明亮起来，就把它的周围涂黑；大小的对比、坚强与柔弱的对比、色彩的对比，都是增加画面情趣的有效的方法。如图4-50中，画面具有强烈的色彩对比和直线与曲线的对比。

4-50（彭焕焕）

# 四、服装画中线条的美感

线条是构成绘画最基本的元素，线条在绘画中表现的是画家的激情、概括力、艺术修养、品味以及物体的界线、区域或轮廓，是绘画的一种语言。不同线条代表不同的意义，不同的情感因素。在服装画中，线条的运用更有它的典型意义和广泛性。服装画的绘画性体现在以下四个方面：（1）线条的自由运用；（2）表现具有个性化的人物形象；（3）着色的高度概括；（4）场景意境的烘托。那么，线条是组织画面和造型的关键元素。

## 1．想象的线条

自然界中原本不存在线条，所谓想象的线条，是指在不同色彩汇合的地方，由你的想象力在它们之间补充了那条线。由于服装画的概括性因素，形与形之间、面与面之间的划分都需要线条来完成。服装画的用线不完全等同于其他绘画的线条，它需要高度的概括力、表现力，而且是非常节省的用线，好像兜里的钱不

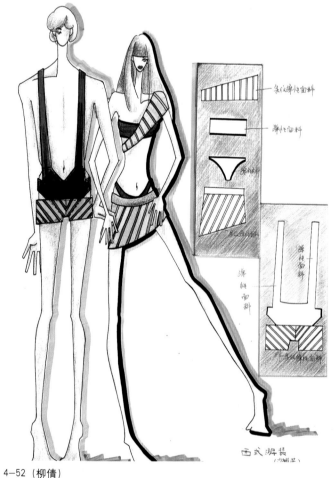

4-52（柳倩）

多而需非常节省地用，即要把它用在关键的地方。能省略的便省略，空余部分让观者用想象力将它们填补上，这样就有机会让观者加入一个创作的过程，其结果会让观者在视觉上感到满足。想象的线条也会赋予形象整体的节奏感、空间感、整体感，从而增加画面的美感。服装画中，线条的简与繁必须是以能明确表现服装结构为前提，该省的才省，不能省略的结构线要清楚地表现出来。如图4-51中，服装的款式结构清楚表达，仅省略了腿的一部分轮廓，使这幅以表现服装式样为主的人物造型多了些许灵动，给人一点想象的空间。时装画、服装速写、服装插图、服装广告中，线条可或繁或简或省略，以给观者多一些想象。而服装式样画、服装结构图，则应完整地将服装的款式等结构表现清楚。图4-52里的服装式样图，需要将服装的款式、结构划分、工艺线的来龙去脉交代清楚；而图4-53、图4-54可以作为服装速写用于杂志的插图，因此可作大量的省略，以强调夸张的表现手法。

4-53（马克）

4-51

4-54（马克）

## 2．表现纹理质感的线条

线条有极强的表现力，它是有表情的，可以表现情绪，有时候廖廖几笔就会表现出它的性格和情绪，比如有温柔的线条，生气的线条，爱慕、仇恨、嫉妒、失望或沉着的线条等。在服装画中，轻柔的沙、丝绒，厚重的毛、皮、麻等不同纹理质感的面料应采用不同软度、不同粗细的线条来表现。服装画中，常用的线条表现方法有匀线勾勒、粗细不同的线条勾勒、粗线勾勒、细线勾勒、双线勾勒和点线勾勒；线条有直线、弧线，飘柔或坚硬的线。不同的笔可勾出不同的线，有钢笔勾线、速写笔勾线、沾水笔勾线、毛笔勾线、麦克笔勾线以及自制的笔勾线等。点线可以用来表现毛、绒、麻等质地比较粗糙、松软的面料，或结构线、工艺线等；直线及较粗硬的线条表现皮革及牛仔布料较为适合；流畅的细线适合于轻薄面料服装的表现。图4—55为匀线勾勒，适合表现多线条的画面和款式图；图4—56粗细线勾勒，能对比出不同质感的材料；图4—57的曲线表现出浪漫飘逸的视觉形象；图4—58用圈线表现毛茸茸的质感。

4—55（黄良彬）

4—56

4—57（谭雅莉）

4—59

4—58（张殷）

### 3．表现节奏的线条

　　人的眼睛在观画的时候，是顺着线的标示进行的，当相当多的线条需要通过同一区域的时候，速度就会慢下来，而越过一个空白平坦的区域时速度就会快一些，而粗细不同的线条会让观者产生停顿感。这种有着如同音乐里的快慢与停顿的节奏的线条，常被画家用来引导视觉速度的变化，提高视觉兴奋情趣。画面人物造型的美感，正是通过这种视觉情绪的调动在观者的心里产生的。在线条用得如此多的服装画里，线条固然能表现出美感，但值得注意的是，服装画中线条要简洁，对比与节奏要明确，不能仅为线条的美而堆集线条。如密集的线条是表现服装的衣纹、质感、款式结构、图案、穿着形态的。图4-59讲究的是线条的准确性，线条的疏密和省略。

# 五、服装画中色彩的美感

有人说："色彩是生命的血流，流动在存在者的感情里，没有热血流动的生命，……或不觉得有流动的感情，那是多么令人悲伤的人生。"在观看物象的时候，首先映入我们眼帘的是色彩现象。在生活中我们有这样的经验：步行在街上，当远处走来一群穿着漂亮服装的女孩时，首先看到的是色彩的美丽，当她们走近之后才能看清服装的款式；在商店买衣服时也有同样的体会，首先吸引我们的也是颜色。色彩是通过视神经传达到我们的心灵后获得的不同的心理感应，例如：红色、橙色有热闹和温暖的感觉，黑色有稳重、肃穆的感觉，白色干净、圣洁，鲜亮的黄色令我们烦躁和激动，绿色和亮的颜色可以使我们平静下来，并有种凉快的感觉。在服装设计中，色彩、造型、质料感是设计的三大要素，色彩现象是其中很美妙的感情安排。色彩在服装上的运用，除美感外还有适用性与功能性；夏天穿浅色服装可反射阳光而感觉凉快，冬天穿深色衣服吸收阳光使其保暖；深色有收缩的视觉效果，而浅色有扩张的视觉效果；在郊外，穿色彩亮丽的服装使人醒目突出，在办公室，服装的颜色与环境的颜色相协调会令自己和同事心情愉快。不同年龄、不同文化层次、不同性别、不同国籍的人，在服装色彩的选择上有很大的差别。欧美年轻人喜欢选用朴素的白色或灰、黑颜色的服装，老年人喜欢鲜亮的色彩；而在中国，这种服装色彩的好恶正好相反。服装颜色好看与否关键在于搭配，只要搭配得当都是好看的。服装的色彩还受时代与流行的影响，因此，在表现服装画时要把握住色彩的流行与时尚，把握画面中色彩的美感。

## 1. 色彩的基本知识

要为服装效果图着色，控制画面的色调和画出漂亮的颜色，必需要懂得色彩的基本知识，以及色彩搭配的美感。

（1）色系

色彩分为三大色系，暖色系、冷色系和中性色系。暖色系中有黄色（颜色为：柠檬黄、淡黄、藤黄、土黄、桔黄）、红色（颜色有：桔红、朱红、大红、深红、玫瑰红等）；冷色系里有绿色（颜色有：淡绿、草绿、翠绿、橄榄绿等）、蓝色（颜色有：湖蓝、钴蓝、群青、普蓝等）；中性色里有赭石、熟褐、灰色、金色、紫色等。其中大红、淡黄和普蓝为三原色。

（2）色彩的三要素

色相：指颜色与颜色的区分，是色彩的相貌，如红色、黄色、蓝色等。

明度：指色彩的明暗程度，主要涉及色彩受光亮的多少。

纯度：指色彩的饱和程度，即灰度、艳度。

（3）色彩的对比

互为补色的色彩为对比色，如红与绿、蓝与桔黄、黄与紫。对比的颜色有互相美化的作用，颜色对比使用要比单独使用更容易产生强烈、鲜明的效果。

## 2. 各色系的心理分析

红色系：

红色系有接近红紫色且较娇艳的玫瑰红，也有靠近黄红色较亮丽的朱红。红色系刺激作用较大，它们会主动地来影响人的心理，视觉感强烈。纯红色是暖色中温度最高的部分，具有扩张性。

黄色系：

黄色系是最为光亮的一系色彩，它与红色系有类似的性质。黄色系的明视度很高，相当引人注目。有人称太鲜艳的黄色像刺耳的喇叭声，一般人对它的喜爱率不高，老年人尤其不喜欢。但当它变淡或变浊后喜欢的人就多了。日常服装中常见到这类色彩，如淡米黄、赭石、琥珀、茶褐色。

黄绿色系：

黄绿色为黄色和绿色的中间色，是春天草木萌芽的色彩。翠绿、嫩绿、浅绿是它的主要色彩，黄绿的色调温和，为大多数人所喜爱。

绿色系：

绿色是大部分植物的色彩，刺激度和明视度都不高，对人的心理影响温和，但高彩度的绿色也不适合日常服装。

蓝色系：

蓝色系的性格颇为冷静，尤其在年龄大的

人中爱好率高。它给人自由自在的感觉，是蓝天、海洋的色彩。

紫色系：

对于妇女，紫色系的喜好率高，尤其对于少妇而言，有种优美的感觉。自然界中有紫色的花、宝石、晨曦或雨后的紫色云霞。

白色系：

白色在配色上的地位很高，可以与任何颜色相配。青天白云相互衬托，给人洁白、纯粹的感觉，是永远的流行色。

黑色系：

黑色在心理上是一种很特殊的色彩，它本身无刺激性，但是配合其他色彩会增加刺激感。黑色是比较消极的色彩，有罪恶、死亡、不吉利的象征，但运用得当也有高贵的感觉。它与白色一样是永远的流行色。

### 3．服装色彩的特性

（1）服装色彩的实用性

色彩在服装中具有实用性的特点。例如夏天穿的浅色衣服，由于浅色反射阳光而感觉凉快，冬天穿的深色衣服吸收阳光而感觉温暖；在战争中，野战服的草绿色便于隐蔽自己，幼儿穿色彩鲜艳的衣服引人注目，不容易发生交通事故等。色彩在服装中的运用能为人们的生活提供方便。因此，它具有实用性。

（2）服装色彩的象征性

长久以来人们就赋予色彩象征意义，并在现实生活中广泛运用。这使得色彩具有标识性，例如白色象征纯洁，有白衣天使之称；黄色象征权利，属于帝王的颜色；红色象征喜庆，属于节日和新娘的颜色；黑色象征神秘、高贵；紫色性感妖艳等。

（3）服装色彩的装饰性

服装画的配色常常使用具有较强装饰性的色彩，或配色单纯，或丰富，或对比强烈，或柔和，总之都要经过用心提炼和经营。装饰意味强烈的色彩既能明确表达设计师的配色意图，也能获得好的画面效果。特别是表现具有民族风格的服装，配以各色图案及边饰而使服装具有特点、个性和装饰性。

### 4．服装画的配色

常常听到有人讲某个颜色真美，其实客观

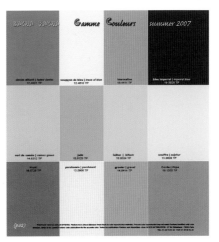

4—60a（黄存椿）

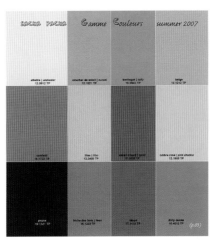

4—60b（黄存椿）

地讲，任何一种颜色都无所谓美与不美，只有当它和另外的颜色配合比较时才能评价是否美。例如，桃红色的上衣配红色或白色的裙子产生协调，而配绿色就不一定好看，而且由于每个人的文化修养、社会阅历、艺术素质、生活观念及年龄、性别、喜好不同，对色彩的评价又有很大出入。例如，某甲认为好看的佳作，某乙却不屑一顾，再加之时代的变迁，旧的潮流被新的潮流所取代，因此服装的配色没有一个"放之四海而皆准"的真理。服装的配色虽多种多样，但也有规律可循，不能脱离一般的美学原则，即整体色调、主次、对称、节奏、呼应、点缀、层次。如图4—60中，一个是暖调，一个是冷调的中明度搭配；图4—60a，在配色中暖调里的暖色和中明度色所占比例大，起主导作用，而冷色和低明度色所占比例小起点缀作用；同样，图4—60b冷色调亦然。服装画的配色与服装的配色相同，同时还要与肤色、发色、环境色相协调。仅对单个着装人物作色相对容易得多，如果是给两个人物以上的背景作色，就要考虑人物与人物之间的色彩搭配，人物与背景的关系，画面色调的统一与对比关系，色彩明度对比、彩度对比关系等等诸多问题。多观察、多体会、多练习，提高自己的色彩修养及感受能力，便能创作出美丽色彩的画面。图4-61中，头发、肤色、服装以及背景的色彩都能顾及到相互的呼应、和谐。

（1）同类色的搭配

同类色的搭配方法也可以称为统一法，指用某一种颜色进行明度不同的搭配。如上下衣着都是红色，那么鞋、袜、帽也应都是红色。这样的配色极其容易获得色彩的和谐，但若处理不当也容易显得单调。因此，应在色彩的明度和纯度上作有意识的处理，显现出同类色不同层次的丰富画面。例如，浅黄色与深黄色，浅蓝色与深蓝色等。此外，在同类色里稍有冷暖变化会使画面更加生动。服装的统一配色法受到大多数人的青睐，对于男女老少和不同气质的人来说都很合适。图4-62商务装的配色采用同类色搭配，稳重大方很符合职业特征；图4-63同类色搭配的表现，服装的着色注意了明度以及冷暖的变化，在头发部分有少量对比色的晕染，使整个画面在色彩统一的基础上避免了沉闷。

4-61（李赛平）

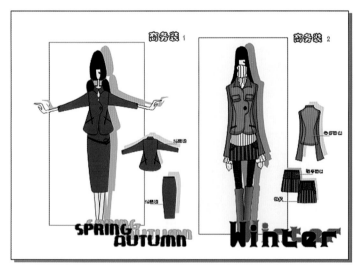

4-62（柳倩）

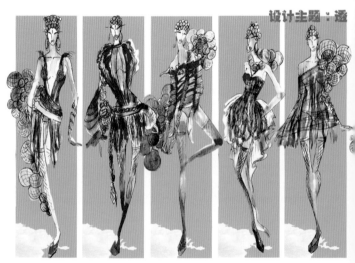

4-65（李赛平）

4-63（张国媛）

（2）邻近色的搭配

邻近色的搭配指色环上相邻的两个颜色的搭配。如橙与红、黄与绿、青兰与紫等。相邻色的配置容易取得协调、统一、柔合，以及自然优美的色彩感觉。这类色的搭配，明度与纯度合适才能达到最佳的效果。例如，同时降低纯度与明度的配色——淡鹅黄与淡草绿搭配的童装给人嫩嫩的感觉，黄与红的搭配给人温暖的感觉，淡蓝与淡绿的搭配有靓丽、自然、清新的感觉，紫与蓝的搭配具有高贵典雅的色彩效果。图4-64是相邻的偏紫的蓝和偏冷的红的搭配，加之都是不饱和的灰色，那么其中两个颜色无论面积大小、明度深浅，都可以获得协调。如图4-65红黄搭配的效果图，整个色调既温暖又饱和，在这样的色调里加入了少量的蓝色点缀，打破了色调的沉闷感，显得生动。因此，在暖色调里加入少量冷色，冷色调里有少量暖色的点缀是非常必要的。

4-64（柳倩）

### （3）对比色的搭配

对比色的搭配，也叫相互衬托的搭配，是色彩中互为补色的色彩进行搭配。例如：绿色套装配上红色内衣，黄色衣裙配上紫色腰带和紫色头巾等。对比色的搭配能使画面产生强烈的色彩效果，格调新颖、色彩明朗。但如果色彩的明度、纯度以及面积处理不当，则会让人产生沉闷、过于刺激和不舒服的感觉。俗话说："红配绿，丑得哭"就是形容对比色搭配不当的结果。因此，在对比色搭配的处理上，应在面积上有所区别，或在明度、彩度上作恰当的调配，才能获得美的色彩效果。比如，以一种颜色为主色，另一种颜色作点缀，则能产生"万绿丛中一点红"的优美色彩效果。一款浅黄色的连衣裙，配上降低纯度的浅紫色腰带、头巾、衣裙和围巾，便构成了生动鲜明、层次分明的色彩效果，如图4—66；或者将相对立的两个颜色打散组合等，都能获得既强烈又统一的色彩效果。如图4—67大面积的橙色中，以小面积的紫色、黄色

4—66

4—67（谷淼）

点缀，起到了既对比又统一的色彩效果；图4—68裙子上的黄色、紫色、红色、蓝绿色分散组合，具有艳丽强烈的色彩效果，加之上衣的黄色和头发的紫色呼应，具有活泼而生动的色彩效果；又如图4—69，以相邻的绿色和黄色为主，配以对比的红色，表现童装的鲜艳可爱。

### （4）色彩的呼应搭配

呼应搭配法也叫相关色的搭配，就是服装上不同色彩彼此照应。例如，蓝色的上衣配蓝色与黄色条纹的裙子，裙子上的蓝色与上衣的蓝色相互呼应；同样，红绿格的上衣配红色的裙子，上衣的红色格子与裙子的红色互相呼应。你中有我，我中有你，相得益彰，达到既和谐统一，又有变化的色彩效果。如图4—70，画面中裤子的绿色、头巾的绿色与背景的绿色呼应，同样衣服的蓝色、头巾与背景的色彩呼应等等；又如图4—71画中红色与红色，绿色与绿色的呼应；图4—72中，右边人物头发的橙色与衣服的橙色、花纹的橙色相映成趣。

4—68（王曦一）

A SERIES OF DRESS DESIGN

童年的
游乐
园

2005.11.

4—69

4—71

4—70（张缨）

4—72（汪婷婷）

4-73

(5) 色彩的衔接搭配

色彩衔接搭配的要点是让对比强烈的颜色通过一种中性色（如黑、白、金、银等色）的衔接，使之产生柔和的感觉，而不会过分刺眼。例如：红色衬衫、绿色超短裙，中间用白色腰带衔接，上下衣的色彩之间有一个过渡，能达到和谐统一的效果。同样，紫色和黄色之间、橙色和蓝色之间都可以利用中性色衔接，缓解色彩冲突。图4-73是避免两个相对立的颜色并置在一起而产生的不协调的视觉现象的服装画。

(6) 色彩明度的协调搭配

色彩的明度搭配大致分为高明度、中明度和低明度色彩搭配，以明度高的色彩为主的配色为高调配色，反之则是中调和低调配色。高明度的画面要以高明度的颜色为主，辅之于中明度和底明度，这样才能获得统一的视觉效果。例如：白衬衫配黑长裤，面积差不多会显得呆板和缺乏主调，但是如果白衣服配黑色超短裙，

4-74（何长军）

面积大小不一样则会给人主次分明、对比强烈的美感。图4-74为低明度的配色。

(7) 色彩的隔断搭配

色彩的隔断搭配与色彩的衔接搭配不同的是，隔断是用在大面积的同种色彩之间，而衔接是在两个对比色之间用中性色衔接，给予缓冲。大面积的同种颜色的搭配和描绘容易显得单调，配以其他色彩隔断，避免沉闷和呆板，这可以利用中性色，也可以配以明度不同的色彩隔断搭配，获得渐变的色彩效果。在配色的时候，如果隔断色彩的面积大，应使用邻近色作为隔断色，才能获得协调的画面效果。如图4-75，蓝色之间用紫色隔断，即使紫色面积大些也不会影响配色的统一性；而小面积的隔断色可以采用对比的颜色更为理想。图4-76绿色对红色的隔断，使大面积的火红得到缓冲，丰富了色彩感觉，增强了色彩的表现力。

4-75（丁斯斯）

4—76 4—77

（8）色彩纯度的搭配

色彩的纯度是指颜色的鲜艳程度，一般来讲高纯度色彩之间的搭配容易获得协调，例如童装、运动休闲装等的配色普遍采用鲜明色彩的搭配。低纯度与低纯度的色彩搭配也能获得灰调的统一。如果是高纯度色彩与低纯度色彩的搭配，处理不当的话，会使纯色显得闷，灰色显得脏。当然如果有较高的色彩修养，合理使用高纯度与低纯度的色彩搭配，相互穿插得当，也能获得理想的色彩效果。如图4—77中，除肤色和背景有少量灰色以外，其他色彩都是采用的高纯度色彩，所以这是一幅配色鲜艳的画面；而图4—78中，大部分的颜色使用的是不饱和的灰色，所以这是一幅统一在灰色调里的画面。

（9）服装色彩与肤色、发色的搭配

服装的色彩与肤色、发色的协调是不容忽视的整体。中国人的发色为统一的黑色，黑色为中性色，虽然能与任何色彩相协调，但由于色度较重，与一些鲜亮的色彩放在一起有明度差别太大的不足。而色度稍浅的发色，如金黄、

4—78（郭向宇）

4-79（张文静）

板栗、褐色与浅亮的色彩相配，则显得统一、柔和、透明。如今漂染头发成为时尚，这与对色彩搭配上的追求完美不无关系。此外，虽然大部分肤色被服装所遮盖，但脸与手是露在外面的，尤其是在夏季，肩、手臂、腿的色彩应与服装的色彩相谐调。从色彩美学的角度来讲，美的色彩是既协调又对比的，如肤色暴露较少，可采用对比色处理，而肤色暴露较多则色彩的冷暖对比差别不宜太大。图4-79、图4-80都是发色、肤色与服装颜色协调搭配的例子。但这只是通常的规律，一些特殊要求的服装画，例如服装广告、服装插图等完全可以采用极端的配色方法，给人以新鲜强烈、出人意料的色彩冲击力，在服装的配色上可以有这种打破常规的举动。例如戏剧舞台装、狂欢节服装就应与日常生活中的服装配色不一样，才能体现不同的主题和心境。

### (10) 色调

色调关系到色彩表现的整体美感，没有统一的色彩调子就像音乐没有主旋律一样是杂乱无章的噪音，所以，合理组织画面色调是不可或缺的。服装画中单个人物的画面相对单纯，只需要处理好人物自身和背景之间的色彩关系，组合成统一的色调即可；多个人物的画面色调控制要复杂一些，有人物和人物之间的色彩关系、人物和背景的色彩关系、主题色彩和辅助色彩之间的关系等等。一张优秀的色彩画面是有鲜明的主调的，辅助色彩要配合主调起到丰富画面的作用，切忌不能喧宾夺主、主次不分。例如图4-81是一幅手绘图被扫描后经电脑加工的蓝色调画面，画中少量的黄色起点缀作用，而红色是偏冷的玫瑰红，上衣的绿色成为画面中心，且绿色与蓝色是邻近色，从而构成较为统一的冷色调画面。

4-80（付晓）

4—81（王曦一）

4—82

## 六、想象力在服装画上的运用

任何艺术创作都是充满想象力的，例如看到花瓶可以使我们想到女人腰臀间的曲线。人之所以对某些东西感到美，是因为这些东西使我们回忆起并联想到生活中美的、令人愉快的事物，从而产生美感。正如加利亚诺所表现的新古典主义服装，将人们从现代繁忙的生活带回到对过去华丽奢侈生活的回忆，拨动我们心灵中某根怀旧的琴弦而产生美感共鸣。点缀在服装上的银片使观者联想到海中悠游的美人鱼；蕾丝上的金色花纹让人想到宫廷的金碧辉煌和华丽；服装中常用的荷叶边及皱折使人想到水波荡漾的湖面，从而产生美感，如图4—82。服装画就是要通过线条、色块、形体的表现传达设计师试图表达的意境和美感。图4—83用各种曲线、直线、点线的组合，表现出丰富的效果，如漂动的荷叶边、缠绕的绳索和结构线。图4—84浅蓝色的调子和星星点点的点缀，将我们带入幻想的世界。总的来讲，服装画的美感体现在比例的适当，体现在各部分之间的平衡，体现在有节奏的表现之中。服装画的美感来自于色彩的魅力，来自于作者的想象力对观者想象力的启发。美感是由多方面的因素构成的，但基本的美感因素构成了艺术品的力量与美的灵魂。当然，艺术和美是永无止境和没有边界的，不同的时期和不同的人对美的认识有很大的不同，我们只有站在时代的前列，不断提高自身的艺术修养，才能设计和表现出有价值的作品。

4—83（张折明）

4—84

# 第五章

# 服装画的艺术性实践

## 一、服装画的工具材料介绍

### 1．笔

铅笔：铅笔在服装画中一般是用来打草稿，画轮廓，作铅笔素描等。

炭笔：炭笔与铅笔的用途差不多，只是最好不用于画轮廓，因为炭笔不容易被橡皮擦掉。

钢笔：钢笔在服装画中是最常用的工具之一，其笔种较多，有速写钢笔、沾水钢笔、绘图钢笔等。沾水钢笔是画服装画的主要工具，用来作画的沾水笔的笔尖要求有较好的弹性，在作画时可以调节用笔的力度与笔尖的开缝，画出粗细不同的线条和笔触。速写钢笔笔尖经过处理可以平画出很粗的线，也可以涂较大面积的色块。绘图钢笔有粗细不同的型号可供选用。

竹笔：竹笔所作的线条和笔触比较粗犷，能给画面增加强烈的节奏感和笔力感。竹笔可以自己动手制作，用一只竹筷，把一端削成平薄的斜面，就算是一支竹笔了。这样的竹笔性能很好，它的斜口可以画粗线和色块，尖端可画细线，调节笔与纸的角度还可以画出粗细不同的线条。

水彩笔：水彩笔有圆头及扁头之分，笔毛较软，水彩染色时用。

水粉笔：扁头毛笔，笔毛比水彩笔略硬，水粉涂色时用。

麦克笔：麦克笔有油性和水性两种，笔尖由硬泡沫制成，有尖头的、平头的，有细的、粗的，水彩墨水色彩鲜艳、丰富。由于使用起来非常方便，因此麦克笔在服装画中是着色与勾线常用的配套工具，可以为服装画快速而简洁的着色。

彩色铅笔：彩色铅笔有水溶性及腊质两种，有30多种颜色。水溶性彩色铅笔与淡彩结合使用，可描绘出服装画中细腻、柔和的色彩，也可以单独使用，方便快捷。

油画棒：带油质的色条，着色时可以画出粗犷的笔触。油画棒与水粉结合可表现出呢、麻等织物粗糙的质感，在有色纸上用油画棒着色尤其方便。

色粉笔：带粉质的色条，特别适合在有色纸上着色。它可与水粉或水彩结合使用，能画出丰富的层次感。国外的一些时装画家，常用色粉笔表现时装广告模特儿的头像和时装艺术画。有专门用于色粉笔的纸张，这种纸张有各种底色可供选择，色粉笔只有在这种纸上着色才能表现出丰富的颜色层次。

### 2．纸

可供表现服装画的纸有：

草稿纸：白报纸、牛皮纸、拷贝纸等。

正稿纸：素描纸、水彩纸、水粉纸、有色纸、卡纸、色粉纸、墙纸等。有色纸及墙纸带有各种不同的色彩与底纹，在画服装画时可以利用这一特点来达到一些特殊的效果。

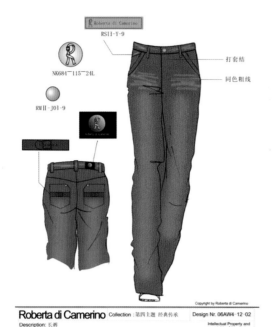

**Roberta di Camerino** Collection：第四主题 经典传承　　Design Nr. 06AW4·12·02

Description：长裤

5—1a（税嘉）

### 3. 颜料

着色用的颜料有水彩颜料、水粉颜料、丙稀颜料、彩色墨水等。

### 4. 其他

削笔刀、直尺、橡皮、图钉、双面胶、画夹等。

## 二、服装画表现的方法与步骤

### 1. 构思

任何艺术形式的产生首先要有构思。构思前，首先要明确所表现的服装画的服务对象：是参加设计选拔时所用的服装画，还是为企业每季设计画款，或为某团体设计职业装，或为书籍和画报作插图，或为宣传新产品而做的广告，还是为欣赏而画的装饰性服装画……这就需要根据不同的表现内容选择不同的表现形式。如果是为设计而做的效果图，构思时就要考虑服装需适合穿着者的身份、年龄、文化、素养及穿着场合，款式、面料、色彩的设计要符合某一阶层人士的欣赏水平以及市场情况。例如

为中学生设计校服，应考虑中学生在学校课堂上的穿着环境。中学生正处于求知阶段，既有严肃、安静的一面，又有活泼和求新的禀性，加之经济没有独立，因此，在款式设计上要大方，便于活动。色彩不宜太鲜艳，以免给人不稳定、躁动和招摇的感觉。面料的选择以中档为宜，人物形象的表现要有中学生的特征，动作和表现手法都不宜过分夸张。如果为团体设计制式服装或职业装，要考虑职员的工作性质及环境因素；如果为欣赏而作的服装装饰性绘画，要更多地考虑画面的构成，模特儿的动态，人物造型的个性，服装款式的新颖，画面的环境因素与色彩因素，装饰性与审美性，画面的完整性以及表现形式与表现手法等。设计创作的目的不同、立意不同、款式不同，则表现方式也不同，不要以千篇一律的形象和手法对待不同的主题。图5—1是为生产而做的服装效果图，图5—2是为参加设计比赛所作的效果图，在表现手法上就有很大的不同。

### 2. 初稿

构思确定以后，可以在草稿纸上画初稿，画初稿时应遵循前面提到的构图原则。服装画

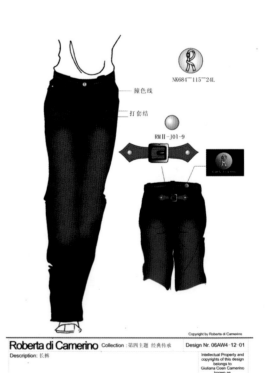

**Roberta di Camerino** Collection：第四主题 经典传承　　Design Nr. 06AW4·12·01

Description：长裤

5—1b

人物以立姿为主,单个人物的构图要注意画面空白处的合理安排,多个人物的构图应注意服装式样上的系列性及动态表情的协调。服装是穿在人身上的,与人体构成合理的紧贴与舒展关系,因此要画好服装穿在人体上的正确的状态,必须是先画人体后画衣服,特别要注意领口、袖口、裙摆、裤口等与人体之间的立体关系。

(1) 服装画人体的画法

前面提到服装模特儿的人体比例为9个头。要画出正确的人体比例,可在草稿纸的合适位置上确定人体的头顶线和足尖线,然后将中间部分分为9等份,再按以下步骤画出服装画所需要的人体动态:

① 在第一格里画蛋形的头。

② 在四个头长处定耻骨点。

③ 在耻骨到足跟的中点处确定膝的位置。

④ 通过颈窝找对肩的斜线。

⑤ 再通过耻骨点找髋的斜线。

⑥ 连接颈窝与耻骨点找躯干的中心线。

⑦ 从肩到肘、肘到腕画手臂的动态线,接着从髋到膝、膝到踝画腿的动态线。

⑧ 最后依次从上到下画出躯干及四肢的造型。

注意在画每一个局部时,要考虑局部与整体的协调性,四肢与躯干比例要正确,重心要稳定,动态富有节奏感以及要有适合展示服装的角度,如图5—3。

(2) 画服装

在画好的人体上描绘服装的式样就比较方便了。注意服装与人体的结合关系,有的部位较贴近皮肤,如肩部、髋部、腿部及系腰带时的腰部等,这些部位的造型基本上是在表现人体的结构线,在画服装时用线应细一些。如果是轻薄的衣服应保留人体肌肉和骨骼的外轮廓线,稍厚的衣服也要能体现出人体的整体结构。而比较宽松不贴近皮肤的地方,如裙摆、裤脚口、袖口等,用线可以较粗和松动一点,某些部位还可以做适当的省略。质地轻柔的面料贴近皮肤的部分较多,而质地厚硬的面料贴近皮肤的部位相对较少,可根据款式的特征及具体情况正确处理。衣纹较多的部位主要在人体的关节部位及动态明显的腰部,不同质地及不同款式的服装所显示的衣纹是不同的,要区别对待,如图5—4。

5—2

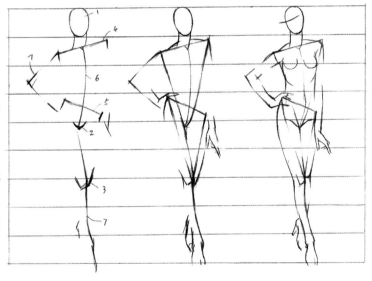

5—3

5—4

### 3. 正稿

初稿确定后，便可以定稿。定稿时可用拷贝纸拷贝下来，在拷贝过程中可以对稿件进行调整，使轮廓更准确，线条更简洁流畅，再利用拷贝箱将草稿拷贝到正稿纸上。(图5-5)

### 4. 着色

正稿完成后，即可在正稿上着色。顺序是：先画皮肤颜色，皮肤颜色的冷暖、纯度、明度要根据服装的颜色而定，以画面协调为原则。然后画衣服的颜色，服装的颜色要明快，用笔简练，体现服装的款式结构、衣纹的变化以及整体关系；为了使画面透气、生动，画衣服的颜色时，可在受光部及反光部位留部分空白。最后是背景的着色，背景着色要以突出着装人物为准则，使画面更加完整，切忌喧宾夺主，同时要注意画面色调的美感。着色的先后次序也可以自己的习惯而定，但必须是先整体晕染后局部刻画，才好控制画面的整体色调，如图5-6。

### 5. 勾线

由于服装的着色、用笔、层次通常比较简练概括，勾线的目的是为了突出人物的造型，更准确地描绘服装款式特征和统一画面。勾线所用的笔有很多种，线形和线色也有所不同，要根据需要选择适合的线条。勾线时要注意线条的生动、节奏感和简洁，使画面更具完整性和艺术性。服装式样图的用线应尽可能地将服装的款式结构表现清楚，例如省道线、领形、袖形、口袋形、纽扣的大小位置等。(图5-7)

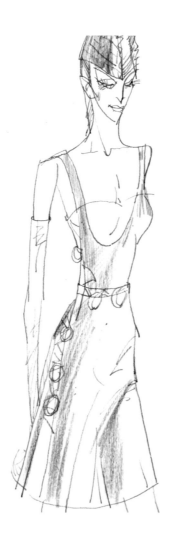

5-5

5-6          5-7

## 三、服装画的几种表现方法

### 1. 用线表现形体并与淡彩结合的表现方法

　　这是一种用水彩颜料着色，结合钢笔、铅笔或炭笔勾线的表现方法。水彩颜料透明、快干、色彩亮丽，画面具有轻松、优雅的感觉。水彩颜料的服装画中，用具有表现力的线条来强调人物造型及款式结构，是常用的表现方法。如图5-8中，水彩颜料是透明的，作画过程需要一气呵成，不能有过多的雕琢和修改。作画步骤是：定稿以后，先画皮肤的亮色，再画服装、服饰及鞋的亮色。要想使颜色有丰富的变化可以在水彩颜料未干时并置相邻的颜色或小面积的对比色，待第一遍色干后，用同类色或稍有冷暖变化的颜色干脆利落地将面部以及衣纹的暗部作简要表现，并要保持水彩的轻快、透明、干净、活泼、自如的感觉，最后在必要的地方稍加刻画。待色彩全部干透后开始勾线，由于上色比较简洁且不作深入刻画，因此，勾线对造型起着至关重要的作用，线条要表现人物的发型、五官特征、手足的动态、服装的结构、衣纹的来龙去脉和质感，用笔要简洁生动。勾线所采用的工具可以用铅笔、钢笔、麦克笔、彩色铅笔等，要根据着色的纯度或明度的高低来确定，使它们与色彩构成整体和谐的关系。流露出干干净净、清清爽爽的画面效果是淡彩勾线所表现的最大特征。（图5-8～图5-10）

5-8（张文静）

5—10

5—9（柳倩）

## 2．水粉着色法

水粉颜料具有覆盖力、厚重感强的特点，可以用来表现较厚的呢料、毛料、皮革等。由于水粉颜料的覆盖性强，易于改动，不容易失败，表现方法也不难掌握，因此，这是初学者易接受的一种表现方法。水粉着色方法有两种：一是写实法，写实的作品可以用于服装广告，或为欣赏而做，如果是画服装效果图，则表现要概括。图5—11是用水粉写实表现的服装招贴，图5—12是用水粉表现的服装效果图。二是平涂法，平涂的方法相对简单，可先着色后勾线，也可先勾线后着色，也有用色块与色块对比的作用而省去勾线的。由于平涂着色的色块本身比较单纯，在处理色块之间的关系时要注意彼此间的色彩对比与协调。人物造型应带装饰性，与平涂的色块形成统一的装饰意味。（图5—13、图5—14）

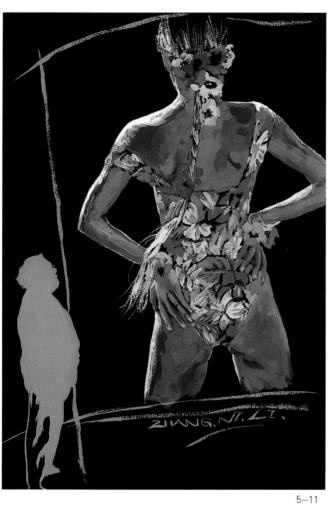

5—11

5—12

5—13（駒田寿郎）

5—14（駒田寿郎）

5—15（王曦一）

## 4．素描表现法

　　素描表现方法要求作画者具有较强的素描功底。素描表现可以使用铅笔，也可以使用炭笔。由于其表现力强，既可使用变化多端的线条表现出丰富的黑、白、灰层次，又便于深入刻画人物形象，表现服装的款式结构特征及面料的质感和对象的立体感。服装的素描表现较之其他绘画的素描表现有所不同，其用笔以及黑白灰的层次处理比较概括，尽量减少不必要的灰色层次，外轮廓大多用勾线表现。（图5—19～图5—21）

## 3．彩色铅笔写实法

　　这是一种以彩色铅笔为作画工具的表现方式，特点是便于掌握，有一定素描基本功便可以得心应手。利用彩色铅笔的色彩多样，可进行细腻、柔和的刻画，具体而深入地表现服装款式特征、服饰图案细节、色彩和面料质感。如果设计师有较强的素描基本功及较好的色彩修养便能更好地表现出服装的结构、材料的质感。彩色铅笔写实法表现的服装画，既方便刻画出具有实用功能的服装效果图，又可以深入刻画，表现出具有欣赏价值的服装艺术画。如图5—15，使用大量波纹线表现的效果图，具有松动的感觉。图5—16用彩色铅笔得心应手地刻画出服装上的图案。图5—17用彩色铅笔像画素描一样刻画出衣服的皱折。用彩色铅笔给服装效果图着色，既方便又快捷，方法是：在画好的效果图上，按衣纹的走势平涂第一遍色，然后在阴影以及衣纹部位用同一只笔再画一遍，使其具有立体效果及完整性便可，也可以简单的平涂方式给成衣效果图着色。（图5—18）

5—16（柳倩）

5—18（柳倩）

5—19

5—17

5—20

5—21（邓海燕）

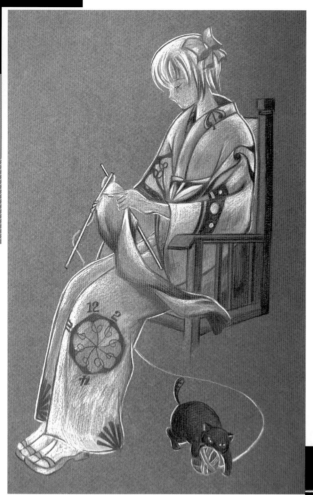

5—23

## 6．麦克笔表现法

　　用麦克笔表现服装画是设计师用得最多的方法之一。麦克笔的特点是快干，色彩艳丽透明，不必调色。麦克笔的颜色也是多种多样的，从灰色到纯色，非常丰富，使用起来方便快捷。在着色时，如果在画面留出适当的白色，会有更加生动、透气的感觉，如图5—26。另外，勾线应注意人物造型的结构，线条应流畅，粗细有变化。用麦克笔以平涂的方法表现装饰性服装画，着色方便，色彩鲜艳强烈，具有较好的装饰效果。图5—27、图5—28都是用麦克笔描绘的服装效果图。作画方法是：用铅笔淡淡地勾线定稿以后，用麦克笔沿着轮廓线均匀而自由地描绘着色，注意用笔的方向和流畅，色彩的明度对比及协调。勾线可以用钢笔、铅笔，也可以用彩色麦克笔。（图5—29～图5—31）

## 5．有色纸表现法

　　在服装画中利用有色纸作画可省去大面积的服装着色、人的皮肤着色或背景着色，有时只在人物受光部位和背光部位作加工处理便可，同时也容易使画面达到色调统一的效果，事半功倍（图5—22），因此，使用有色纸画服装画受到广大设计者的喜爱。目前市场上有各种有色纸出售，多达几十种，颜色可供服装画家自由选用。如图5—23，利用有色纸底色做背景，较容易达到统一的画面效果。图5—24背景和服装是橙色和蓝色的对比颜色，而对蓝色衣服着色的同时又留出背景的黄色，使对比色彩之间相互呼应，得到对比与统一的画面效果。图5—25是一组用有色墙纸所绘制的效果图，利用墙纸凹凸的底纹和干笔画法留出的时隐时现的底色，表现出材质的松动和粗犷的感觉。

5—22（张丽莉）

5-24（郑哩）

5-25（彭奂焕）

5-26（汪婷婷）

5-27（王曦一）

5-28（李雪）　　　　　5-29　　　　　　　　　　　　5-31

5-30（郭向宇）

## 7. 色粉笔表现法

色粉笔具有覆盖力强的特点，结合水彩或水粉可以对画面作进一步的刻画。由于没有水分的干扰，表现起来得心应手，特别是利用有色纸的底色，既能快速地表现又能获得好的效果。色粉笔还能深入细致地表现人物形象及服装面料的质感，适用于装饰性服装画、服装插图画、服装广告画、漫画服装画等。因此，色粉笔在服装画里的使用非常广泛。图5-32为服装广告画。作画方法是：定稿以后用水彩或水粉画底色，然后用色粉笔刻画和充实画面。图5-33、图5-34是在有色纸上使用色粉笔表现的范例，画面背景及服装的暗部都利用有色纸作为底色。

5-32（陈婷晓）

5-33

5-34

5—35（田淼）

5—36

## 8．油画棒表现法

　　油画棒是带有油性的色棒，色彩丰富，多达几十种，覆盖能力强。油画棒适合用来表现质地粗糙的面料，与水粉或水彩结合起来使用能表现出特殊的质感效果。如图5—35、图5—36，粗犷的线条及色彩对比有强烈的视觉冲击力。

5-37（付晓）

5-38

## 9. 剪贴法

剪贴法是根据设计要求和画面效果，将彩纸、报纸、画报或布料剪贴成需要的形态，组成服装效果图或服装画，如图5-37~图5-39。人物的头、手和画面背景可以用手绘，某些剪贴的部分也可以用手绘方法以增加层次感和统一色调，这种方法可以使画面显得新鲜，具有装饰趣味。如图5-38中，利用牛仔布剪贴的效果图可以直观地反映出面料的质地，人物其他部分采用手绘，与材料的真实性形成对比。

5-39

5—40

## 10．人体模型套用法

对于初学者和为公司大量画款者，人体模型套用法是一种非常方便且容易掌握的方法。首先自制一个人体模型，方法是用纸板或薄层板做成头、颈、肩、腰及四肢均能活动的人体模型。在制作过程中，模型的尺寸应比实际更加修长，这样沿着外沿勾勒下来就正好合适。如图5—40，作画时在稿纸上摆一个你所需要的姿式，用双面胶或手将模型固定在稿纸上，用铅笔从上到下沿模型外沿将人体描绘下来，取下模型，一个摆好姿式的人体便跃然纸上，下一步便是画上你所构思好的服装。我们也可以制作两三个适合表现服装的人体动态模型，以便需要时套用。这种方法适合素描造型基本功不成熟的初学者应急时用，也便于描绘大量效果图以节省时间。图5—41、图5—42都是将人体模型套用在图纸上，然后再描绘出服装的式样。在画服装外轮廓的时候，要求表现出轮廓的基本型，例如矩形、三角形等，同时，要将人物运动造成的外轮廓曲线概括为直线，以及省略不必要的衣纹，仅保留关节部位的衣纹表现，还要仔细地描绘出服装的内轮廓，例如衣领、包、开省以及工艺装饰和工艺线等等（图5—43）。

5—41a

5—41b

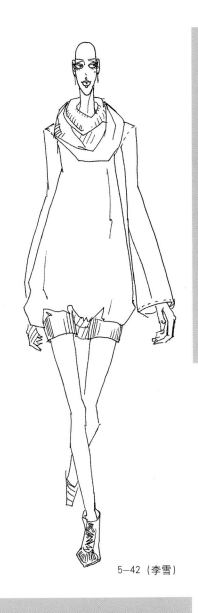

5—42（李雪）

5—43（柳倩）

# 第六章

# 课程安排与作业分析

## 一、 教学大纲要求

通过课程的讲解，使学生掌握服装画、服装效果图、服装式样图的表现方法，并能随心所欲地表达设计意图。

学生需了解的是：

1.服装画与服装效果图，服装式样画的概念与区别。

2.服装画的分类。

3.服装画造型、构成及色彩的美感。

## 二、 教学安排

服装效果图课程可安排在二年级上期进行，课时80学时左右。教学分为三个阶段，第一阶段主要解决造型问题，用线描准确表达服装的外轮廓和服装结构，以及服装穿在人身上的效果。这个阶段是造型的基础阶段，要非常严谨地画大量线描和黑白灰效果图，直到能将头脑中的设计款式随心所欲地表现出来。第二阶段是在第一阶段的基础上加入色彩表现，采用最为实用和易于掌握的水彩工具，也可以用水粉或者丙烯等着色，可以尝试夸张和有个性的手法表现造型。第三阶段，训练使用不同的工具、材料，表现不同的内容以及不同的材质，例如麦克笔、彩色铅笔、油画棒、色粉笔等。

## 三、作业安排

第一周：1.线描服装式样图30套，2.服装速写（每天练习）

要求：用模型套用，服装选用各品牌当季流行式样，以成衣款式为主。需匀线勾勒，一丝不苟地表现服装的结构和款式。

目的：掌握线条的表现方法，使之流畅和富有表现力，同时更多地掌握流行服装的款式和时尚设计元素。

第二周：黑白灰服装式样表现图20套。

要求：用模型套用，服装选用各品牌当季流行式样，以成衣款式为主。合理地、有美感地处理黑白灰之间的关系，运用点线面和图案语言表现黑白灰效果。

目的：练习并掌握黑白灰构成的方法、手段，训练刻画能力，丰富服装画、服装效果图的表现语言。

第三周：淡彩勾线法4张。

要求：单人2张，多人组合2张。注意色彩清新干净，色调统一，线条流畅并有强弱变化。

目的：练习并掌握水彩表现的方法，合理安排画面的构图，协调人物之间的组合关系，以及人物和背景的关系。

第四周：麦克笔表现法，彩色铅笔表现法，针织服装的表现法，皮草皮革、丝绸的表现法，共10套。马克笔、彩色铅笔、针织服装、皮草皮革、丝绸各两张。

要求：练习使用不同的材料和工具作画，从中体会和选择适合自己的工具以及表现方法。

目的：学习使用不同工具和不同质感的面料的表现方法。

## 四、作业分析

### 1.线描服装式样图

线描服装式样图是学习服装画的第一阶段，这阶段的作业量很大。目的是让学生先入为主地接触服装的外轮廓和内轮廓的整体与局部之间的关系，以及与人体之间的关系，还可以记忆下很多服装款式，为设计奠定最初的基础，同时可以学习线条的表现，通过练习能够随意地描绘流畅的线条。刚开始画时可以借助人体模型和当季流行服饰（也可以自己设计服装），这期间没有色彩与黑白灰调子的干扰，可以快速且没有造型障碍地画出大量式样图。图6-1～图6-8都是借助人体模型描绘的服装式样图，要求整体地、概括地画外轮廓，省略不必要的曲线和衣褶，同时清楚地表现衣服的内轮廓——服装的衣领、袖型、开襟、开袋、省道线、装饰等等，并要注意外轮廓与内轮廓之间的比例关系，准确地展示服装的款式以及人物造型协调的美感。线条可以用匀线，也可以有粗细变化。人体模型仅作为描绘的辅助工具，

6-2（王游娜）

6-1（宋莉）

一旦掌握了人体比例和动态描绘即可以丢掉模型随手绘制，如果能熟练且准确地描绘人体也可以不用模型，随手画出人体以后再画上衣服即可。线描服装式样图可以不画头和四肢，仅表现衣型、裤型。如图6-9~图6-13，适合作为服装效果图的说明或提供给制版师制作。

重点：轮廓和结构。

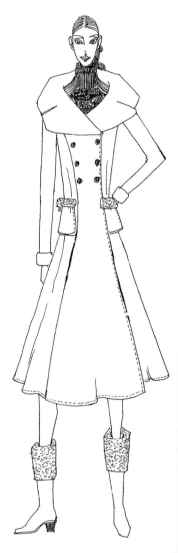

6-3（李雪）　　　　　　　　　　6-4（李雪）　　　　　　　　6-5（李雪）

6-6 (谷淼)

6-7 (谷淼)

6-8 (丁辉)

6-9 (税嘉)

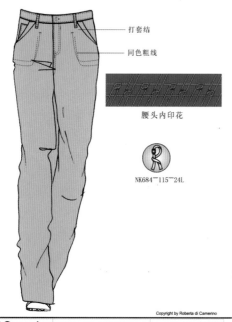

打套结
同色粗线

腰头内印花

NK684－115－24L

**Roberta di Camerino** | Collection：第二主题 低调情趣 | Design Nr. 06AW2-12-01
Description：长裤

6-10（税嘉）

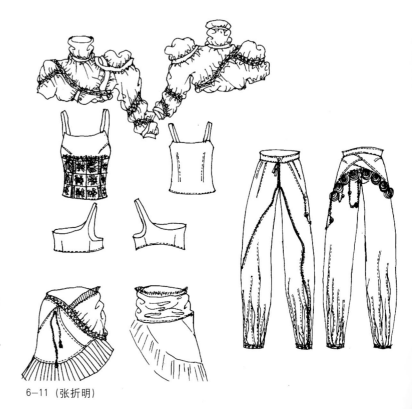

6-11（张折明）

何玉颜 Robecca. He Yu Yan. 06. 11. 06.

6-12（何玉颜）

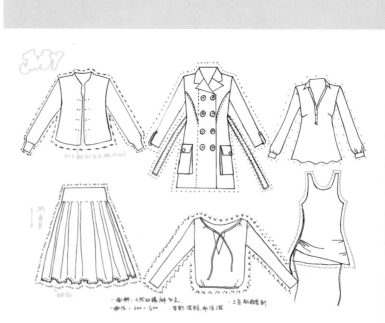

6-13（付晓）

## 2．黑白灰表现服装效果图

黑白灰表现是指用线条描绘出服装的层次、细节及面料图案，训练对画面中黑、白、灰分割的组织能力和细节刻画能力。如图6-14～图6-18，除了服装的外形特征和内结构以外，还要注意黑白灰分布的节奏感和整体性。

重点：层次和细节刻画。

6-14（郭向宇）

6-15（王游娜）

6-16（何长军）

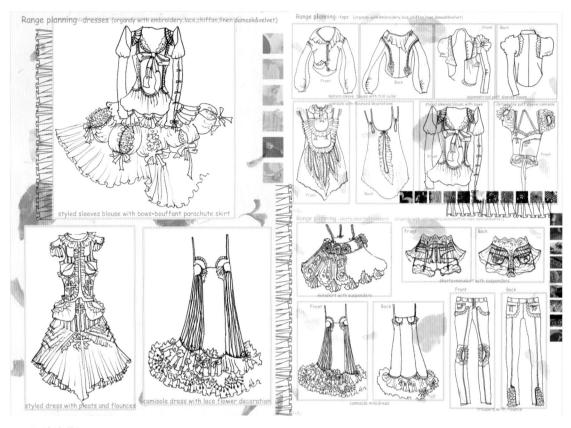

Range planning--dresses (organdy with embroidery,lace,chiffon,linen damask&velvet)

styled sleeves blouse with bows+bouffant parachute skirt

styled dress with pleats and flounces

camisole dress with lace flower decoration

Range planning--tops (organdy with embroidery,lace,chiffon,linen damask&velvet)

lantern sleeve blouse with frill collar

asymmetrical puff sleeve blouse

camisole with flounced decorations

styled sleeves blouse with bows

detachable puff sleeve camisole

Range planning--skirts,shorts&trousers (organdy with embroidery,lace,chiffon,linen damask&velvet)

miniskirt with suspenders

shorts+miniskirt with suspenders

camisole minidress

trousers with flounce

6—17（彭奂焕）

6—18

6—19（税嘉）

### 3. 淡彩服装效果图

通过以上两方面的练习，基本解决了造型和线条表现的问题。在第三阶段加入色彩练习，而水彩是容易掌握且具有丰富的表现力的工具之一。这时的颜色描绘只是淡淡的、写意的、概括的，形象以及细节都用勾线来完成。由于有了前面勾线的基础，这阶段的作业较容易获得成功。此时，勾线也可以更加随心所欲，或粗细有变化，或简或繁，根据需要和喜好，造型较前阶段也可以有适当的夸张变形。如图6-19～图6-22，色彩淡雅，勾线简练，底色衬托出了主体人物清爽、雅致的效果。

重点：形与色的结合。

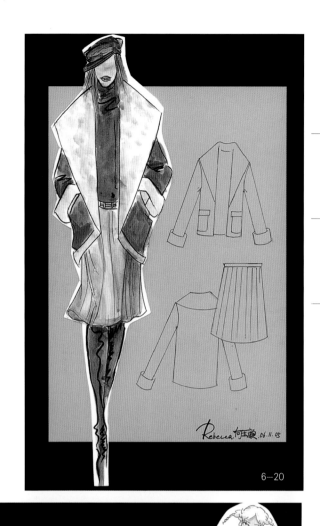

6-20

6-21（侯蕴珊）

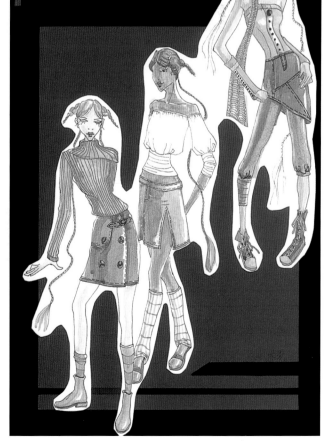

6-22（宋莉）

### 4．各种工具和材料的表现

这是了解各种工具和材料的属性，并学会其表现方法的阶段，同时用不同的工具描绘不同的服装材料质感，以及不同的内容。图6-23用彩色铅笔表现皮草。用线条表现皮草有三种方法：一是表现较长的皮草需采用自然波纹曲线；二是描绘卷曲的皮草可以用圈线；三是画较硬的皮草可以利用短直线和点的结合，画皮草用笔松动才能表现出皮草蓬松的感觉。图6-24、图6-25是用麦克笔画在卡纸上的服装效果图和服装式样图，图6-26是用水粉画的服装招贴，图6-27是用有色纸、剪贴手绘综合表现的服装效果图。

重点：艺术性和表现性。

### 5．专题表现

最后可以做各种专题练习和不同材质的练习，例如服装招贴、服装插图、服饰配件、装饰性服装画、电脑处理等各种专题练习；皮草皮革、针织材料、丝绸面料、闪光面料、透明面料等不同材质的描绘。

6-25（马永亮）

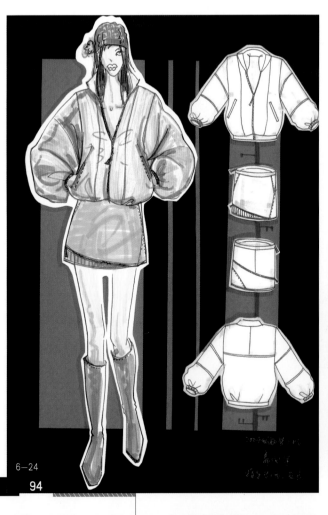

6-24

6-23

6—26（陈婷晓）

6—27

# 第七章

# 作 品 赏 析

        服装效果图的表现通常是由设计师来完成，也有由时装画家所作的服装画。许多优秀的设计师和服装画家给我们展示出很多好的作品值得我们欣赏和学习。优秀的服装画作品除了能准确表达服装的款式和模特儿的气质以外，还流露出设计师或者画家的内心情感，只有真实地表达自己的内心才能表现出自己独特的个性。因此优秀的服装效果图是具有个性美的，是流畅和自然的描绘，没有一点点的生硬和做作。例如图7-1～图7-8，日本设计师西村玲子和小栗八重子的服装画，充分利用了彩色铅笔的特性，稚气地表现风格和艳丽的色彩搭配，非常真实和自然。矢岛功的作品利用水墨淡彩着色，配以流畅的钢笔勾线，造型潇洒，并利用一些直线、曲线和平面制作背景，形成完整的画面构图。GRUAU的作品是用水粉表现的，整体用色，线条简练概括，没有一点多余的东西。作者的效果图运用彩色铅笔描绘，由植物组成层层叠叠的灰色背景，加上留白的矩形空间，增加了画面的层次感。所以，总的来讲，优秀的服装画作品是真实的、自然的、协调的、流畅的。

クラジックで
すこし、大人っぽり
イメージを
持たせた
セーターです。

色を意識した

この模様は
後ろにも二本
あります。

パールがイメ合うのです。

丈の長さがいいのです。

やろぱりパンプスでカッ
と歩くとステキかな。

7-1（西村玲子）

これに着るコートは
やっぱりツイードの
イメージです。

古着の紳士もの
なんかは
ふんいきが
あっていい。

モヘアの
キャップ。

こんな黒、グレ
スカーフを探し
いいのです

茶系のコンビ

これくらいの高さだとカジュアルにも
しっかりとした
着こなしに
便利で

＜ヒールの

袖口や袂もと
から、シャツの
小さなレース
飾りをのぞか
せて、ちょっぴり
女らしさを。

モヘアの手袋も

皮の
パンツ
の
とき
は
コート
なし
が
イキ
かも
しれ
ない
です
ね。
コーデュ
ロイ
でも
いい
し
ウール
でも
いい
な。

足下も
気を使う。

ショートブーツ。

たっぷりした長めの
ショートパンツ
紳士物でもいい
です。

黒に似合うオークル
ブラウンです。

7-3 （西村玲子）

7-5 （小栗八重子）

7-4 （momo obuchi）

7-6 （小栗八重子）

7-7（小栗八重子）

7-8（小栗八重子）

7-9（失島功）

7-10（失島功）

7-11 (失岛功)

7-12 (失岛功)

7-13 (GRUAU)

7—14 (GRUAU)

RENÉ GRUAU

7—15 (GRUAU)

7—16 (GRUAU)

Huang Jia. 1994.

7—17

1994.6. Huang Jia

7—18

**主要参考文献：**

《西方美学家论美和美感》.北京大学哲学系美学教研室编.北京：商务印书馆，1982 年

《美学》第三卷 上册.(德) 黑格尔著.朱光潜译.北京：商务印书馆，1979 年

《现代素描技法》.(美) 斯图瓦特·帕塞著.杨志达 杨岸青译.长沙：湖南美术出版社，1990 年

《艺术与人文科学——贡布里希文选》.范景中编选.浙江：浙江摄影出版社，1989 年

《mémoire de la mode》. GRUAU 著.光琳社，1997 年

《MODE ILLUSTRATION》

Copyright ⓒ 1984

by Graphic-sha Pubishing Co.,Ltd.

A SERIES OF DRESS DESIGN

7—20